辽宁省近岸海域环境问题与承载力分析研究

柯丽娜　韩增林　王权明 等　著

国家自然科学基金项目（41501594，41771159）
教育部人文社会科学重点研究基地重大项目（16JJD790021）资助出版
中国博士后科学基金（2014M561248）

科学出版社

北 京

内 容 简 介

本书在对辽宁省近岸海域开发利用现状及其环境影响问题综合分析的基础上，对辽宁省海岸带开发过程中涉及的几个典型问题进行了研究，提出基于可变模糊集理论的海水水质评价模型；结合 GIS，将可变模糊数学模型与 GIS 空间分析手段集成，建立基于 ArcEngine 的海水水质可变模糊评价系统；通过两种方式建立海洋水环境容量计算方法，为海洋环境监测、排污控制等环境管理信息系统中海洋水环境容量的计算提供了科学的参考依据；基于可变模糊识别模型构建辽宁省海岸带海洋资源、生态和环境承载力计算方法，同时对未来海域承载能力发展趋势进行了系统动力学模型预测，提出了辽宁省海岸带海洋经济、资源、生态和环境可持续发展建议。

本书可供从事海洋功能区划、海洋经济发展、海洋环境保护、海岸带资源开发等相关研究的高校老师、科研院所研究人员以及相关专业的研究生参考。

图书在版编目(CIP)数据

辽宁省近岸海域环境问题与承载力分析研究 / 柯丽娜等著. —北京：科学出版社，2019.8

ISBN 978-7-03-061975-4

Ⅰ. ①辽… Ⅱ. ①柯… Ⅲ. ①近海-海洋环境-环境承载力-研究-辽宁 Ⅳ. ①X145

中国版本图书馆 CIP 数据核字（2019）第 163203 号

责任编辑：张 震 孟莹莹 范慧敏 / 责任校对：张小霞
责任印制：吴兆东 / 封面设计：无极书装

科 学 出 版 社 出版

北京东黄城根北街 16 号
邮政编码：100717
http://www.sciencep.com

北京九州迅驰传媒文化有限公司 印刷
科学出版社发行 各地新华书店经销

*

2019 年 8 月第 一 版 开本：720×1000 1/16
2022 年 1 月第二次印刷 印张：10 1/4 插页：3
字数：207 000

定价：99.00 元
（如有印装质量问题，我社负责调换）

前　言

海洋，尤其是近岸海域是我国沿海地区经济社会实现可持续发展的重要载体和战略空间，沿海地区人口稠密、经济活动活跃。随着沿海地区经济社会的快速发展，海洋生态系统正承受着巨大压力。我国近岸海域资源、生态和环境承载能力十分有限，由人类活动引起的海域生态环境恶化问题日益突出，严重影响了沿海地区可持续发展。本书在对辽宁省近岸海域开发利用现状及其环境影响问题综合分析的基础上，对辽宁省海岸带开发过程中涉及的几个典型问题进行了研究，主要的研究内容及成果如下：

（1）海水水质评价是海水水质环境要素优劣的综合概念，是一个多因素、多水平耦合作用的复杂不确定系统，各评价指标含量具有中介过渡性，属于模糊概念。本书选取锦州湾附近海域作为近岸海域开发与环境影响问题研究的典型海域，开展了该海域水环境时空特征分析，并在此基础上提出了基于可变模糊集理论的海水水质评价模型。该模型通过可变模型参数变化，将线性模型与非线性模型相结合，以最稳定级别特征值作为海洋水质环境的最后评价结果，从而区分各监测站位的水质优劣，确定水质评价等级。评价结果显示该模型相对于 BP 人工神经网络、模糊综合评价、集对分析等方法具有更好的可靠性，更适合于多指标、多级别、非线性的海域环境质量综合评价。

（2）利用数学模型评价方法进行水质评价十分必要，但其计算过程比较复杂，并且需要利用地理信息系统（geographic information system，GIS）来实现评价过程的自动化和借助图形展示评价结果。本书将可变模糊数学模型引入海水水质评价中，并结合 GIS，采用 ArcEngine 集成开发技术，在 Visual C# 2008 开发环境下，将可变模糊数学模型与 GIS 空间分析手段集成，建立基于 ArcEngine 的海水水质可变模糊评价系统。通过 ArcSDE 数据引擎和专用开发数据接口访问 SQL Server 中的海水水质评价空间数据库，实现海水水质空间分布状况的实时动态显示，并将该系统应用到锦州湾海水水质综合评价中，实现了锦州湾海水水质综合评价结果的直观、可视化显示，为控制环境污染、进行环境规划提供了科学依据。

（3）针对锦州湾海域无机氮、活性磷酸盐、化学需氧量、铅、镉、锌等主要环境污染因子持续偏高的问题，本书建立了两种海洋水环境容量的计算方法，一种是通过 GIS 地统计分析，对研究区域的污染物指标和水深数据进行离散插值计算，建立基于 GIS 的海洋水环境容量计算方法。这种方法在资料缺乏的情况下，作为海洋水环境容量的一种初步计算方法，是十分简便、有效的。另一种是通过 MIKE 模型建立锦州湾水动力-对流扩散模型，利用"干湿"边界条件模拟潮起潮落时海滩污染物浓度的变化，选用低潮时污染物混合影响范围最大情景作为海洋水环境容量计算工况，同时利用渤海湾的环境背景值作为锦州湾的污染物本底浓度，考虑污染物的本底浓度对海洋水环境容量的影响，模拟关键污染物的浓度响应系数场，然后利用分担率法耦合最优化线性规划法计算得到海洋水环境容量。两种方法分别适用于不同的计算环境，为海洋环境监测、排污控制等环境管理信息系统中海洋水环境容量的计算提供了科学的参考依据。

（4）根据海洋资源、生态和环境的特点及与人类社会的关系，考虑沿海地区社会发展、海洋经济状况、海洋开发程度、海洋资源禀赋状态与海洋环境质量等诸方面因素，本书构建了海洋资源、生态和环境承载力评价指标体系，基于可变模糊识别模型构建了辽宁省海岸带海洋资源、生态和环境承载力计算方法，评估了辽宁省海岸带海洋资源、生态和环境承载能力发展的总体状况，同时对未来其发展趋势进行了系统动力学模型预测，最后提出了辽宁省海岸带海洋经济、资源、生态和环境可持续发展的建议。

本书共 7 章，第 1 章绪论；第 2 章辽宁省海岸带资源环境与开发概况，介绍辽宁省海岸带的自然环境与经济概况，进一步分析了辽宁省海岸带开发利用的现状及典型海岸带开发活动对环境造成的影响；第 3 章辽宁省典型海岸带开发区环境现状调查及海域环境质量评价；第 4 章辽宁省典型海岸带近岸海洋水环境容量研究，建立了两种海洋水环境容量计算方法，一种是基于 GIS 的海洋水环境容量计算方法，另一种是基于 MIKE 水动力-对流扩散模型的海洋水环境容量计算方法，并以锦州湾海域为研究对象，进行了实例结果对比；第 5 章辽宁省海岸带海洋资源、生态和环境承载状况评价，提出基于可变模糊识别模型的海洋资源、生态和环境承载力计算方法，并以辽宁省海岸带为研究对象，确定了海洋资源、生态和环境承载力评价体系各指标的权重，对辽宁省海岸带海洋资源、生态和环境承载状况进行评价；第 6 章辽宁省海岸带海洋资源、生态和环境承载状况预测，以 Vensim PLE 5.10a 软件为平台，构建辽宁省海岸带海洋资源、生态和环境承载力系统动力学模型，并给出预案模式下模型的预测结果；第 7 章总结。

　　本书的出版得到了国家自然科学基金项目"资源环境承载力约束下的典型海岸带地区围填海控制预警研究"（41501594）、"旅游型海岛居民社会特质演变及驱动力机制研究——以长山群岛为例"（41771159），教育部人文社会科学重点研究基地重大项目子课题"海洋经济的生态经济学理论基础与实证"（16JJD790021），中国博士后科学基金项目"围填海格局变动下海域承载力评价与预警研究"（2014M561248）的资助，同时本书在数据收集整理过程中得到辽宁师范大学、国家海洋环境监测中心、大连理工大学、中国科学院地理科学与资源研究所等单位的全力支持，硕士研究生黄小露、韩旭、杜家伟、董颖娜、武红庆、庞琳、阴曙升、史静、庄涵月、李云昊、梁婷婷、高凡舒在数据收集与处理、制图、文稿编辑与整理方面做了大量的工作，谨向辛苦工作的他们表示真诚的感谢。

　　由于作者水平有限，书中不足之处在所难免，敬请各位读者批评指正。关于本书内容的任何批评、建议和意见，请发送至作者电子邮箱：linake@lnnu.edu.cn、kekesunny@163.com。

柯丽娜

2018 年 12 月 4 日

目　　录

第1章 绪 论

1.1 研究背景及意义

海洋是潜力巨大的资源宝库，是人类赖以生存和发展的蓝色家园，是经济社会、生态文明建设的战略空间，是海洋经济可持续发展的重要载体。辽宁省位于我国沿海的最北部，海域面积辽阔，海洋生态类型多样，海洋资源丰富。辽宁沿海经济带处于东北经济区与京津冀都市圈的结合部，是振兴东北老工业基地和面向东北亚开放合作的重要区域，对促进全国区域协调发展具有重要战略意义。

2006 年辽宁省人民政府和国家海洋局联合签发了《关于共同推进辽宁沿海经济带"五点一线"发展战略的实施意见》，2009 年国务院常务会议讨论并原则通过了《辽宁沿海经济带发展规划》，这些战略规划彰显了辽宁海洋开发在振兴东北老工业基地战略中的重要作用，同时对辽宁沿海经济发展和产业结构的调整具有重要的战略意义。

在此背景下，辽宁省海洋经济得到了迅猛发展，2015 年辽宁省海洋经济主要产业总产值达到 4370 亿元，比上一年增长 3.6%。辽宁省海洋渔业、海洋交通运输业、海洋旅游业和海洋油气业等传统产业继续保持快速增长，海洋生物工程、海水综合利用、海洋环境保护、海洋信息工程、海洋电力等新兴产业呈现较快的发展势头。

然而，随着近年来辽宁省海洋经济与社会的迅猛发展，辽宁省海岸带开发活动引起了一系列严重的海洋环境问题，海岸和海底的自然平衡被破坏、入海口泥沙淤积、渔业资源退化、水质恶化、生物资源生产力下降以及天然湿地减少等诸多问题出现（盖美等，2002；王颖等，2011）。20 世纪 80 年代以来，大规模围填海和盐田虾池兴建等，导致辽宁省海湾面积减少，自然海岸线长度缩短，海水自净能力减弱。辽宁省瓦房店市的海岛岸线由 1980 年的 241km 降至 2010 年的

104km，26 个岛（礁、坨）只剩下 6 个岛（礁、坨）（王鹏，2010）。辽宁省有 15%～20%的高等海洋物种濒危或接近濒危（范凯，2007），有相当数量的经济贝类体内检测出重金属和难降解有机污染物质，辽宁省海产品走向国际市场的前景不容乐观。辽宁省湿地面积逐年减小，辽河三角洲天然芦苇湿地面积由 1987 年的 604km^{2}减少到 2010 年的 315km^2，鸭绿江口芦苇湿地面积由 20 世纪 80 年代的 80km^2 左右锐减为 2010 年的不足 40km^2，等等。辽宁省湿地面积的不断减少导致辽宁省湿地区域海洋生物物种多样性普遍下降，生物生产力明显降低（王焕松，2010）。辽宁省部分海岸岸段由于沿岸采矿及岸滩采砂，海岸线逐年缩减，1995～2010 年的监测结果表明，辽宁省营口和绥中近百余公里的砂质海岸侵蚀后退，最大侵蚀速率达到 10m/a（王鹏，2010）。因此如何解决目前辽宁省海洋环境的相关问题，缓解辽宁省海洋资源开发与海洋环境保护之间的矛盾，提升辽宁省海洋资源环境对经济社会发展的支撑作用，是当前辽宁省海洋环境科学研究与管理的热点问题，也是难点问题。

辽宁省近岸海域开发利用程度较高，因海洋开发引发的局部海域环境污染十分严重，本书拟对辽宁省近岸海域的相关环境问题进行综合分析，开展典型海域水环境质量评价和海洋水环境容量研究，在此基础上，考虑辽宁省沿海地区社会发展、海洋经济状况、海洋开发程度、海洋资源禀赋状态及海洋环境质量等诸方面因素，基于可变模糊评价模型及系统动力学模型评估和预测辽宁省海岸带海洋资源、生态和环境承载能力发展的总体状况和未来发展趋势，识别辽宁省海岸带海洋资源、生态和环境承载能力发展的驱动因素和限制指标，对辽宁省海岸带海洋经济、资源、生态和环境可持续发展提出建议，为改善辽宁省海洋生态环境、促进辽宁省沿海地区经济社会可持续发展提供科学参考。

1.2　海岸带开发活动的环境影响问题相关研究现状

1.2.1　海域环境质量研究现状

海洋环境复杂，生物种类繁多，一直以来为人类提供大量生存、生产、生活所需的资源。近岸海域是与人类活动联系较密切的区域，它不仅受到海陆多种自然力的作用，而且受到人类活动的深刻影响。由于海洋资源不合理的开发利用，受填海造地、渔业养殖、海上溢油、危险化学品泄漏、陆源污染物排放等人为活动的影响，近岸海域遭受着环境污染和生态损害。因此，如何合理地评价海域环境质量、客观地反映海洋污染的实际状况成为海洋污染监测与防治、海洋环境规划迫切需要解决的问题。海域环境质量评价通过对海域环境要素进行分析，定量评述，得出海域环境发展变化规律，从而为海域环境污染规划控制及环境工程方案的制定提供依据。国内外许多学者致力于海域环境质量研究，总结起来，目前常用的海域环境质量评价模型可以分为以下三种类型。

1. 质量指数模型

单因子环境质量评价模型是质量指数模型的典型代表，单因子环境质量评价模型的基本思想是不论有多少项监测数据，只要任意一项监测因子超标，即认为该水质超过拟定的环境质量标准，即以最差水质指标所属的级别作为该水质的综合级别。我国在海洋环境质量公报中采用的就是单因子环境质量评价模型。单因子环境质量评价模型能够在影响水质的综合指标中，找出影响最大的单项指标，但该评价方法只考虑了污染最大的指标对水质的影响，没有考虑各监测指标对水质的影响，往往使得评价结果过于保守，因此存在一定的片面性和局限性。

徐祖信（2005）应用单因子环境质量评价模型分析了黄浦江上游地区面源污染控制对水质的改善作用，得出结论：黄浦江上游地区水质中氨氮和总磷的污染最为严重，其次为化学需氧量和溶解氧。其研究说明了单因子环境质量评价模型在水质评价中的作用。

李志伟等（2008）采用单因子环境质量评价模型对河北省近岸海域水质进行评价，得出以下结果：2008 年河北省近岸海域平均单项指标污染指数为 0.835，属于较清洁区。

曹正梅等（2017）选用单因子环境质量评价模型对李村河水质进行评价，得出结论：2010～2015 年，李村河 308 国道桥和入海口断面水质均未达到景观娱乐用水要求；6 项指标中，氨氮污染最为严重，其次为总磷和五日生化需氧量，化学需氧量、高锰酸盐和溶解氧污染较轻。

2. 质量分级模型

质量分级模型包括模糊综合评价法、灰色关联分析评价法、集对分析法等。

模糊综合评价法（冯浩然等，2012）是以模糊数学为基础，根据各评价水质指标标准，首先确定样本指标对各级指标标准区间的相对隶属度，再结合各指标因子权重确定样本的评价等级。模糊综合评价法有效地突破了经典数学模型中只能以"非此即彼"来描述确定性问题的局限，采用"亦此亦彼"的模糊集合理论来描述评价指标标准的非确定性问题。但模糊综合评价法常常采用最大隶属度原则确定采样点的水质级别，在采样点水质对相邻级别的隶属度相差不大的情况下，很容易导致最后结果的错判。

柳娟等（2008）根据夏季广西合浦海草示范区生态调查监测资料，应用模糊综合评价法——加权平均模型对该海域海水水质进行了模糊综合评价。研究结果显示：沙田码头（5号）附近水质较差，为Ⅲ类水质，石头埠排污口（6号）附近为Ⅱ类水质，其他站位水质均为Ⅰ类水质。

Dahiya 等（2007）采用模糊数学法对印度哈里亚纳邦地区的地下水水质进行了系统分析，结果显示：哈里亚纳邦地区大约64%的水源都处于比较"理想"或"可接受"的水平，可以作为饮用水。

Zou 等（2006）利用模糊综合评价法对中国三峡库区附近的水质进行了全面评估，结果显示：该地区污染不是很严重，水质较好，在所有水质监测指标中，化学需氧量数值偏高，其他指标均较为正常。

灰色关联分析评价法（崔祥琨等，2009）的基本原理是通过比较序列和参考序列的关联情况来确定水质的级别。具体来说，这种方法首先分析系统中各因素的关联程度，然后根据序列曲线几何形状的相似程度来确定相关程度最大的因素。在进行原始数据处理时，灰色关联分析评价法可以通过均值化、极差变换、标准化等方法来实现，分别计算点到区间中点、点到区间下端点的距离，进而计算关联度。这种分析方法将环境系统的灰色性考虑在内，考虑了监测序列与水质标准序列的模糊关系及关联性，但这种方法也存在一定的局限性，比如：灰色关联分析评价法只能给出水质综合级别的情况，不能明确地指出主要污染因子；受关联系数两级差的影响，灰色关联分析评价法的结果常常趋于均化。

刘金英等（2005）在系统地分析灰色关联度计算方法的基础上，提出了一种加权绝对灰色关联度计算方法，并用该方法对密云水库的水质进行了综合评价，结果显示密云水库水质基本上为Ⅱ类水质，这为密云水库水质的进一步综合规划和管理提供了理论依据。

Tian 等（2011）利用灰色关联分析评价法对渤海湾海洋生物环境进行了调查，调查结果显示：该地区污染状况很严重，并且有愈演愈烈的趋势。

此外，付会等（2007）利用灰色关联分析评价法对青岛某海区海域环境质量8 项评价因子实测浓度值进行综合分析，得出结论：该海区监测点位均属Ⅳ类水质。

集对分析法（王玲等，2009）的基本思想是把确定性、不确定性问题视为一个系统，从同、异、反三个方面对系统进行辩证分析和处理。基于集对分析的海水水质评价将评价标准与评价水体的指标含量构成一个集对，利用联系度来描述该集对的对应关系。但集对分析法一个指标只能对应一个评价标准区间，即不存在一个指标对应多级评价标准的多元联系度，因此集对分析法往往会使数据失去其原有的物理意义，导致最后结果出现错判。

冯莉莉等（2010）在集对分析基本原理的基础上，建立了改进的联系度表达式，提出水质评价的集对分析新模型，对大明湖 2001～2005 年的水质状况进行了评价分析。结果显示：大明湖 2001 年水质十分恶劣，为劣Ⅳ类水质；2002～2005年大明湖水质不断好转，2005 年水质良好，为Ⅱ类水质。

Kamble 等（2011）利用集对分析法对印度沿海水质和沙滩状况进行了系统评估，得出结论：孟买地区由于受到米提河有机物污染的影响，水质状况较差，污染较严重。

3. 质量综合评价的半定量模型

质量综合评价的半定量模型包括层次分析法和人工神经网络法等。

层次分析法（李晋杰等，2010）的基本原理是将评价系统各要素按照所属关系分解成若干层，同一层各要素以上一层为准则，进行两两判断比较，从而求出各要素的权重，再进行层次单排序，最终求出各要素相对评价系统的重要性权重。

显而易见，层次分析法具有较强的主观性，常常会因为人工的判断失误导致最终的决策错误。

胡婕（2007）利用层次分析法对大连湾海洋生态环境质量进行了评价，研究结果显示：2006 年大连湾海域生物学指标基本合格，理化指标为良，社会经济学指标为差。

庞振凌等（2008）利用层次分析法，通过分析南水北调中线水源附近的水体浮游植物的检测数据对其水质进行综合评价。得出结论：层次分析综合指数 PI 在三个采样点有差异，并且变化灵敏。渠首 PI=0.5697，水质属于污染；库心 PI=0.3619，水质属于尚清洁；丹江入库上游 PI=0.7755，水质属于中污染。

人工神经网络（artificial neural network，ANN）（陈丁江等，2007）是对神经网络若干基本特性的抽象和模拟，是一种非线性的动力学系统，具有自适应能力、非线性映射能力及并行信息处理能力，适用于解决非线性、不确定性、模糊的信息处理问题。人工神经网络的基本原理是将网络输出误差对连接权值和阈值的一阶导数从输出层反向传播到输入层，从而由导数按梯度下降法逐层修改权值和阈值。人工神经网络用于水质评价时，训练范例常常来源于水质标准，将水质标准作为网络标准模式，使网络记忆其特征，从而得到权值矩阵和阈值向量。

郭劲松（2002）将反向（back propagation，BP）人工神经网络和 Hopfield 网络结合起来用于水质评价，认为 BP 人工神经网络和 Hopfield 网络结合起来能够考虑环境水质类别变化的连续性，模型具有较强的联想和容错功能，其分析过程接近人脑的思维过程和分析方法。

李雪等（2010）利用 BP 人工神经网络对渤海湾近岸海域水环境质量进行评价，得出结论：2004～2007 年，渤海湾近岸海域污染指标河流丰水期比枯水期高，2005 年和 2006 年渤海湾污染较为严重，2007 年有所好转。

BP 人工神经网络（苏彩红等，2011）通过训练误差反馈不断调整网络权值和阈值，往往需要几千次、几万次甚至几十万次训练才能使网络的误差平方和最小，花费时间多、收敛速度慢。另外，BP 人工神经网络依靠经验确定网络结构，求取全局最优的可能性通常极小，导致最后结果错判。

此外，国内外科学工作者将 GIS、细菌学研究、系统动力学方法等亦应用到海域环境质量评价中。Rahman（2008）将 GIS 与地下水污染风险评价专业模型（DRASTIC 模型）相结合，对印度阿里格尔地区浅层含水层的污染性进行了综合评价，结果显示：阿里格尔地区 80%以上的城市地下水污染严重，造成这种状况的主要原因是阿里格尔地区城市人口密度过大、生活污染物任意排放。Hyun 等（2011）将 GIS 与细菌学相结合对韩国浦项市地下水潜力区进行了综合分析，生成浦项市地下水潜力分布图，并得出结论：土壤结构对浦项市地下水潜力影响最大，地面标高对地下水潜力影响最小。Ying（2005）将多元统计分析方法用于美国佛罗里达东北部附近盆地水质评价。美国麻省理工学院 J. W. Forrester 教授于 1956 年创立系统动力学方法，该方法建立在反馈控制理论之上，发掘系统间变化形态的因果关系，Russo（2002）论述了基于系统动力学方法的水质评价具体过程，等等。

总体而言，国内外学者对海域环境质量进行了深入的研究，建立了许多评价模型和方法，这些模型和方法各有优缺点。海水水质评价是一个评价指标和评价标准及其含量变化综合分析的过程，各评价指标含量具有中介过渡性，在实际工作中有效地解决环境评价中评价标准或参照标准边界模糊的问题，为海域环境质量评价提供一种合理而适用的方法是非常必要的。

1.2.2 水环境容量研究现状

我国于 20 世纪 80 年代初开始进行水环境容量研究，其发展经历了 80 年代自净机理（周密等，1987）、排放标准研究（陈阳等，1991），90 年代我国大量重要河流的水环境容量研究（蔡惠文等，2009），等等。水环境容量的概念也基本形成了较统一的认识，认为水环境容量为"保障某一水体水质符合规定标准的条件下，一定时间内能够容纳的某种污染物的最大负荷"（许士国，2005），它的大小与水体的自然特性、水质标准等要素相关，其本质是对当前水体目标污染物的浓度进行控制。研究人员针对不同区域环境特点研究了一系列的水环境容量模型，根据其复杂程度，这些模型可以分为一维水环境容量模型、二维水环境容量模型、三维水环境容量模型。

1. 一维水环境容量模型

一维水环境容量模型考虑了纳污水体在一个方向上的水量和水质的变化规律，核心思想是通过模拟污染物对流、运移、降解等过程来掌握水质、水量的变化，从而计算水环境容量，其基本方程如下：

$$\frac{\partial(AC)}{\partial t}+\frac{\partial(QC)}{\partial x}-\frac{\partial}{\partial x}(AE\frac{\partial C}{\partial x})+S_c-S=0 \qquad (1.1)$$

式中，Q 为流量；A 为面积；E 为纵向分散系数；C 为污染物浓度；S_c 为污染物衰减项；S 为污染物的源汇项；t 为时间。

在模拟出控制区域的水质后，利用式（1.1）便可计算出水环境容量。研究人员根据不同的区域特点建立不同的水环境容量模型并应用到实际中。陈金毅等（2011）将水环境容量理论运用于城市发展模式比选，分析了不同城市发展模式对水环境质量要求存在的差异，并对其城市发展的两种模式——山水园林城市、生态园林城市控制目标下的水环境容量进行了核算，探讨了城市发展模式标准之间的差异对水环境容量核算的影响及核算结果对城市模式选择的意义。

2. 二维水环境容量模型

对于海岸、湖泊、河口等广阔水域地区，平面尺度远远大于垂向尺度，流速、水深等在垂向变化较小时，二维水动力数值模拟有着较好的应用。

与一维水环境容量模型相比，二维水环境容量模型可以模拟平面分布，模拟效果更好。陈培帅（2013）应用 MIKE21 建立二维水环境容量模型，确定其参数和边界条件，通过实测水文水质数据进行参数率定后，计算汇流口处典型排污口污染混合区面积、长度和宽度，其中污染混合区最长的排污口长度为 811.3m，最短的排污口长度为 132.6m；最宽的排污口宽度为 333.2m，最窄的排污口宽度只有 56m。在近岸海域应用方面，张静等（2012）首先利用采用干湿网格技术的 POM08 模型模拟海域的潮流场，然后利用分担率法耦合二维物质运输模型计算汕头港海域的氮磷环境容量，取得了较好的模拟效果。

3. 三维水环境容量模型

由于三维水环境容量模型可以精细地描述水域水动力过程，在水环境容量计算上应用广泛。比较成熟的有：Delft3D 三维水动力-水质模型，该模型适用于大尺度的水动力、水质、波浪计算；ECOM 模型，该模型采用半隐格式计算水位耦合热力学方程；POM 模型，该模型是 ECOM 等多种模型的基础。这些成熟的商业模型代表了当前水环境容量计算的先进水平。

可以看出水环境容量的计算方法繁多，一维水环境容量模型可以模拟一个方向上的变化，但横向上的变化规律不能模拟；二维水环境容量模型可以模拟平面变化，但不能模拟垂向变化；三维水环境容量模型可以模拟空间变化过程，但在刻画生物过程中有缺陷。而且随着模型的复杂程度增加，所需要的参数也更多，模拟结果不一定代表真实情况，因此需要针对不同的研究目标和区域情况，选用不同的水环境容量计算模型。

1.2.3 资源、生态和环境承载力研究现状

区域资源、生态和环境承载力是指一定时期、一定地域、一定条件的生态环境系统，在确保资源的合理开发利用和生态环境良性循环发展的条件下，可持续承载的人口数量、经济发展规模及社会总量的能力。区域可持续发展的基础是资源承载力，任何区域的发展都要在资源、生态和环境承载力允许的范围内进行，否则区域发展将不可持续。

国内外学者对区域资源、生态和环境承载力进行了大量研究，取得了一定成果。目前，对区域资源、生态和环境承载力量化研究的方法主要有指数评价法、生态足迹模型、系统动力学方法、统计学动态模型、多目标模型最优化方法等。

1. 指数评价法

指数评价法是资源、生态和环境承载力定量化研究方法中运用最广泛的一种方法。此方法根据各项资源、生态和环境承载力评价指标的具体数值，运用统计学方法计算出综合资源、生态和环境承载力指数，进而实现资源、生态和环境承载力评价。用于计算资源、生态和环境承载力的指数评价法主要有模糊综合评价法和向量模法。

模糊综合评价法（张成才等，2009）将资源、生态和环境承载力视为一个模糊系统进行综合分析，通过合成运算得出评价对象对各等级的隶属度，再通过

取大或取小运算最终确定评价对象等级。该方法的缺点是容易在运用取大或取小运算确定评价对象最终评价等级时，遗失重要信息，导致判断有误。黄震方等（2008）构建了资源-环境-社会经济三个维度的旅游环境承载力评价指标体系，并用模糊综合评价法对江苏海滨生态旅游环境承载力进行评价，得出结论：锦屏山、海州湾、花果山结构优良度在 0.8 以上，这三个景区旅游开发强度仍未超出其旅游环境承载极限，具有较大的发展潜力，而辐射沙洲、圆陀角和如东海上迪斯科旅游环境承载力等级为一般，应加强生态环境建设和开发规划的管理与控制。

向量模法假设资源、生态和环境承载力空间是一个由 n 维子系统构成的 n 维系统空间，设此 n 个资源、生态和环境承载力指数为 $E_i\,(i=1,2,3,\cdots,n)$，再设每个资源、生态和环境承载力指数由 m 个具体指标分量组成，即 $E_j=(E_{1j},E_{2j},E_{3j},\cdots,E_{mj})$，这样向量模法的原理可以用式（1.2）来表示。

$$|E_i|=\sqrt{\sum_{i=1}^{n}(\lambda_i E_{ij})^2}\;,\quad i=1,2,3;\;j=1,2,3,\cdots,m \qquad (1.2)$$

式中，λ_i 为权重。状态空间评价模型是向量模法的典型代表，状态空间评价模型将资源、生态和环境承载力空间看作是由人类社会经济发展、海洋资源供给、海洋生态与环境纳污子系统组成的三维状态空间。

韩增林等（2006）借鉴相关学科的理论与方法，创造性地提出海域承载力的定义和价指标体系，并引入状态空间评价模型对海域承载力进行定量描述和测度。张广海等（2009）借鉴状态空间评价模型构建旅游环境承载力概念模型和评价体系，以山东半岛城市群为研究对象，对其 2000～2005 年旅游环境承载力及承载状况进行整体评价和分析，按照承载状况的空间差异和聚类分析将山东半岛城市群划分为优化开发、潜力开发和合理开发三种承载功能区，进而提出改善其旅游承载状况的优化与调控对策。

2. 生态足迹模型

加拿大生态经济学家 Richard 等（2001）提出基于生态足迹的环境承载力评估方法，生态足迹模型通过分析一定区域内维持人类生存与发展的土地和水域的面积，以及吸纳废弃物的土地面积，从而进行环境承载力的计算。生态赤字与生态盈余是判断一个区域可持续发展状态合适与否的尺度，如果生态足迹超过了区域所能提供的生态承载力，就会出现生态赤字；反之，则表现为生态盈余。生态足迹模型强调的是人类发展对环境系统的影响及人类发展的可持续性，具有生态偏向性，因此可操作性强。

谭波等（2010）以巫山县为研究对象，运用生态足迹模型对巫山县 2006 年生态足迹进行了定量计算和分析，结果表明：2006 年巫山县的人均生态足迹为 $1.2969hm^2$，人均生态赤字高达 $0.7377hm^2$，说明巫山县的人类社会活动对自然资源的消耗已经超过了巫山县生态系统的承受能力，区域发展处于不可持续状态。张智全等（2010）应用生态足迹模型，以 2001～2005 年统计资料为依据，对庆阳市 2001～2005 年的生态足迹进行了实证计算和研究，纵向比较分析了庆阳市生态足迹的变化规律及原因，并获得了该地区生态足迹、生态承载力随时间变化的预测模型。

3. 系统动力学方法

系统动力学方法是一种重要的环境承载力评价量化方法。该方法以反馈控制理论为基础，以计算机仿真技术为辅助手段，对复杂社会经济系统进行定量研究。系统动力学方法是 20 世纪 50 年代创立并逐步发展起来的一种通过一阶微分方程组反映系统各模块变量之间因果反馈关系的模型方法。在实际运用中，系统动力学方法对不同发展方案采用不同参数进行模拟，并对决策变量进行预测，然后将这些决策变量视为环境承载力的指标体系，从而得到最佳发展方案及其相应的承载能力。

王俭等（2009）应用系统动力学方法结合层次分析法和向量模法，模拟了辽宁省水环境系统的动态变化，并预测了 2000～2050 年辽宁省水环境在不同发展方案下的承载能力。童玉芬等（2010）结合地表水、地下水、再生水等供水因素对人口承载力的影响及其变化和相互作用，采用系统动力学方法对北京水资源人口承载力进行了定量动态分析。

4. 统计学动态模型

该模型主要包括灰色关联分析评价法和人工神经网络法。灰色关联分析评价法是表示变量一阶微分方程的动态模型,适用于关系复杂而数据量小的系统分析,其主导思想是将时间序列转化为微分方程,从而建立研究对象抽象发展动态模型,王红莉等(2005)在海岸带污染预测模型中运用灰色关联分析评价法,对万元工业产值同工业废水排放量的关系进行了预测。

人工神经网络法最早应用于计算机科学,20世纪90年代,许多科学家将该方法运用于生态过程模拟,以反映生态系统的复杂特征。石纯等(2002)采用BP人工神经网络三层结构,构建了一套6个神经元、10个隐含神经元和一个输出神经元的人工智能网络,预测了2005年崇明区综合水质指数。

5. 多目标模型最优化方法

多目标模型最优化方法考虑承载力的模糊不确定性,通过不确定性多目标规划,建立一定资源环境约束条件下的最佳人口结构与产业结构模型。承载力的目标函数是最大国内生产总值及最大区域人口规模,约束条件包括环境约束、资源约束、经济约束等。多目标模型能够在有限约束条件下,最大限度地满足设定目标,因此在复杂系统的研究上更为灵活,但其缺点是要求数据量大,模型求解存在一定难度。曾维华等(2008)利用不确定性多目标模型最优化方法,建立了区域环境承载力优化模型,并用该模型对北京市通州区战略环境进行影响评价,结果表明:水环境容量是制约通州区社会经济发展的瓶颈,通州区要达到"滨水宜居新城"的目标,必须削减目前的人口与经济发展的规模。

通过以上分析得出,当前资源、生态和环境承载力量化评价的方法很多,各有利弊。由于资源、生态和环境承载力问题的复杂性、模糊性以及影响因素的多样性,国内外学术界还尚未形成统一公认的、严谨的、普遍适用的资源、生态和环境承载力的定义、理论模式及量化方法,目前众多学者的研究重点多是在资源、生态和环境承载力的组成和"量化"上,资源、生态和环境承载力分析的难点主要集中在以下三个方面:一是资源、生态和环境承载力与经济开发活动、环境容量状况、资源禀赋情况内部联系复杂,其影响机制较难确定;二是资源、生态和环境承载力的量化指标不断动态发展变化,这给资源、生态和环境承载力研究带来了更多的不确定性;三是资源、生态和环境承载力涉及广泛,在一定程度上导致了资源、生态和环境承载力指标不易于量化,可操作性较差,这也是目前没有形成公认的资源、生态和环境承载力量化方法的重要原因之一。

1.2.4 存在问题及发展趋势

随着可持续发展概念和思想的提出，海岸带可持续发展研究处于不断探索研究阶段，逐渐从资源、环境、人类社会等单要素研究角度向更宏观的复合系统、综合性研究方向发展，逐步强调可持续发展各要素间的动态性、协调性以及系统的整体性，因此目前海岸带环境的几个相关问题研究不可避免地存在着一些不足。

1. 海域环境质量评价存在的问题及发展趋势

自 20 世纪 50 年代以来，国内外学者对水体环境质量进行了深入研究，各类水质评价模型方法逐步建立，这些模型方法各有优缺点。海水水质评价是一个评价指标和评价标准及其含量变化综合分析的过程，各评价指标含量具有中介过渡性，属于模糊概念，传统的大多数水质评价方法往往将评价标准或参照标准处理成点的形式，存在一定的不足，因此考虑如何有效地解决环境评价中评价标准或参照标准边界模糊的问题，合理地确定样本指标对各级指标标准区间的相对隶属度和相对隶属函数，并实现评价过程的自动化与评价结果的输出展示，对海域环境质量评价具有很重要的现实意义。

2. 水环境容量评价存在的问题及发展趋势

目前水环境容量的计算多是基于污染扩散、衰减机理，建立多维水质水动力方程预测并计算，其过程需要对研究区域进行大量的室内模拟和监测实验，以获取模型所需要的参数，然后对模拟得出的浓度场与研究区域控制目标进行比较，从而计算研究区域的水环境容量。这往往需要投入大量的人力物力，而且污染机理是个非常复杂的过程，参数类型的变化也不一致，因此探讨如何结合不同的资料条件，用不同的模型方法进行水环境容量的计算，对控制水环境污染决策具有重要的现实意义。

3. 海洋资源、生态和环境承载力评价存在的问题及发展趋势

由于海洋资源、生态和环境承载力研究对象的特殊性，目前尚未形成普遍适用的海洋资源、生态和环境承载力评价指标体系、量化方法，评价的标准也缺少实际对比，目前承载力研究也多集中于对承载力内涵进行定义，对承载力可承载、临界承载和超承载状态进行定性描述，缺乏对承载力具体发展状态详细程度的定量测度，这样影响了对海洋资源、生态和环境承载力状况的整体判断与认识。对海洋资源、生态和环境承载力状况水平进行多指标、多级别的综合评价是应用较广泛的一种评价思路。因此探讨如何根据海洋资源、生态、环境承载力评价表现出的模糊性、动态性，建立合理可信的评价模型，识别海洋资源、生态和环境的承载状况，并预测其未来的发展趋势是非常必要的。

1.3 主要研究内容

本书基于以上研究基础，主要进行以下三个方面的海岸带环境相关问题研究：

（1）结合海水水质评价表现出的模糊性特点，将可变模糊评价模型引入海水水质评价中，建立基于可变模糊集理论的海水水质评价模型，有效解决环境评价中评价标准或参照标准边界模糊的问题，合理地确定样本指标对各级指标标准区间的相对隶属度和相对隶属函数，合理地确定水质采样点的综合评价等级，以期为海域环境质量综合评价提供一种合理而适用的方法。

（2）建立适于不同资料条件的海洋水环境容量计算方法，以期为不同资料条件下，海洋水环境容量的计算提供一定的方法参考。

（3）建立海岸带资源、生态和环境承载力评价的指标体系，建立基于可变模糊集理论的海岸带资源、生态和环境承载力评价模型，对辽宁省海岸带海洋资源、生态和环境承载力状况进行评价分析与预测。

本书的总体结构框架见图1.1。

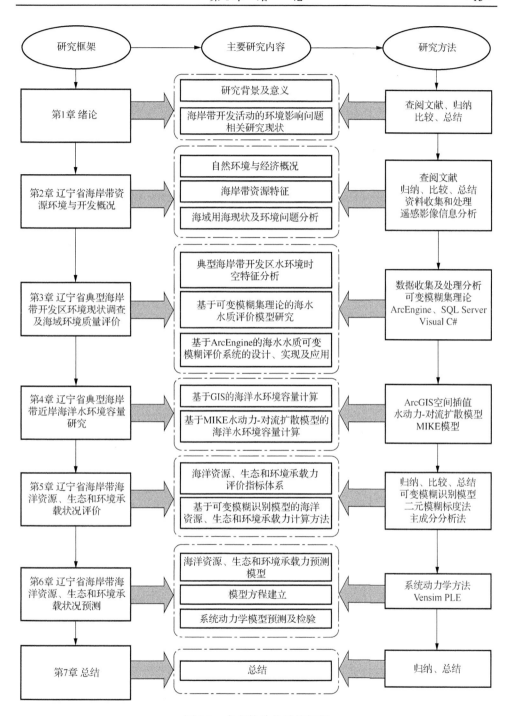

图 1.1　本书的总体结构框架

参 考 文 献

陈金毅, 李念, 李宛怡, 等, 2011. 水环境容量核算在城市发展模式比选中的应用[J]. 环境科学与技术, 34(8):147-149,163.

陈培帅, 2013. 重庆主城区两江水环境容量研究[D]. 重庆: 重庆交通大学.

陈阳, 施介宽, 陈亮, 1999. 水质管理容量的计算[J]. 环境导报, (1): 19-21.

陈丁江, 吕军, 沈晔娜, 等, 2007. 非点源污染河流水质的人工神经网络模拟[J]. 水利学报, (12): 1519-1525.

蔡惠文, 任永华, 孙英兰, 等, 2009. 海水养殖环境容量研究进展[J]. 海洋通报, 28(2): 109-115.

崔祥琨, 杨小芳, 2009. 灰色关联评价在矿区地下水水质分析中的应用[J]. 科技信息, (27): 758-759.

曹正梅, 姜辉, 王明丽, 2017. 单因子水质标识指数法在李村河水质评价中的应用[J]. 环境科学导刊, 36(2): 101-104.

范凯, 2007. 渤海湾浮游动物群落结构及水质生物学评价[D]. 天津: 天津大学.

冯浩然, 张强, 谢世杰, 等, 2012. 铁矿区地下水水质评价方法适用性探讨[J]. 甘肃水利水电技术, 48(12): 14-17.

冯莉莉, 吕小凡, 高军省, 2010. 水质评价的集对分析方法研究[J]. 人民黄河, 32(10): 76-77, 79.

付会, 孙英兰, 孙磊, 等, 2007. 灰色关联分析法在海洋环境质量评价中的应用[J]. 海洋湖沼通报, (3): 127-131.

盖美, 田成诗, 2002. 大连市海岸带经济与环境协调发展分析[J]. 经济地理, 22(2): 179-183.

郭劲松, 2002. 基于人工神经网络(ANN)的水质评价与水质模拟研究[D]. 重庆: 重庆大学.

胡婕, 2007. 沿岸海域生态环境质量综合评价方法研究[D]. 大连: 大连理工大学.

黄震方, 袁林旺, 葛军连, 等, 2008. 海滨型旅游地环境承载力评价研究——以江苏海滨湿地生态旅游地为例[J]. 地理科学, 8(4): 578-584.

韩增林, 狄乾斌, 刘锴, 2006. 海域承载力的理论与评价方法[J]. 地域研究与开发, 25(1): 1-5.

李志伟, 崔力拓, 林振景, 等, 2008. 河北省近岸海域环境质量评价[J]. 环境科学研究, 21(6): 143-147.

李晋杰, 刘生宝, 孙国才, 等, 2010. 基于层次分析法(AHP)的小城镇地下水饮水安全评价[J]. 中国高新技术企业, (14): 51-53.

李雪, 刘长发, 朱学慧, 等, 2010. 基于 BP 人工神经网络的海水水质综合评价[J]. 海洋通报, 29(2): 225-230.

柳娟, 张宏科, 覃秋荣, 2008. 2006 年夏季广西合浦海草示范区海水水质模糊综合评价[J]. 海洋环境科学, 27(4): 335-337.

刘金英, 杨天行, 李明, 等, 2005. 一种加权绝对灰色关联度及其在密云水库水质评价中的应用[J]. 吉林大学学报(地球科学版), 35(1): 54-58.

庞振凌, 常红军, 李玉英, 等, 2008. 层次分析法对南水北调中线水源区的水质评价[J]. 生态学报, 28(4): 1810-1819.

苏彩红, 向娜, 李理想, 2011. 基于模糊 BP 神经网络的水质评价[J]. 佛山科学技术学院学报(自然科学版), 29(5): 15-19.

石纯, 过仲阳, 许世远, 2002. 人工神经网络在沿海区域环境复杂系统预测中的应用[J]. 环境污染与防治, 25(5): 94-99.

谭波, 傅瓦利, 2010. 基于生态足迹的巫山县土地承载力研究[J]. 水土保持研究, 17(5): 105-108, 113.

童玉芬, 2010. 北京市水资源人口承载力的动态模拟与分析[J]. 中国人口·资源与环境, 20(9): 42-47.

王颖, 季小梅, 2011. 中国海陆过渡带——海岸海洋环境特征与变化研究[J]. 地理科学, 31(2): 129-135.

王鹏, 2010. 辽宁省海岸带开发活动的环境影响及可持续发展能力研究[D]. 青岛: 中国海洋大学.

王焕松, 2010. 辽东湾海岸带生态环境压力评价与效应研究[D]. 北京: 中国环境科学研究院.

王俭, 李雪亮, 李法云, 等, 2009. 基于系统动力学的辽宁省水环境承载力模拟与预测[J]. 应用生态学报, 20(9): 2233-2240.

王玲, 黄川友, 王纲, 2009. 集对分析在地表水环境质量评价中的应用[J]. 四川水利, 30(1): 41-43.

王红莉, 姜国强, 陶建华, 2005. 海岸带污染负荷预测模型及其在渤海湾的应用[J]. 环境科学学报, 25(3): 55-60.

徐祖信, 2005. 我国河流单因子水质标识指数评价方法研究[J]. 同济大学学报(自然科学版), 33(3): 321-325.

许士国, 2005. 环境水力学[M]. 北京: 中央广播电视大学出版社.

周密, 王华东, 1987. 环境容量[M]. 长春: 东北师范大学出版社.

张静, 柯东胜, 方宏达, 等, 2012. 汕头港海域氮、磷营养盐环境容量及排放总量控制的研究[J]. 大连海洋大学学报, 27(3): 31-39.

张成才, 李红伟, 吴瑞锋, 等, 2009. 基于 GIS 的水质模糊综合评价方法研究[J]. 人民黄河, 31(5): 52-53.

张广海, 刘佳, 2009. 我国东部沿海地区旅游环境相对承载力研究[J]. 经济地理, 29(7): 1222-1227.

张智全, 于爱忠, 罗珠珠, 等, 2010. 甘肃省庆阳市生态足迹和生态承载力动态研究[J]. 草业学报, 19(4): 187-193.

曾维华, 杨月梅, 2008. 环境承载力不确定性多目标优化模型及其应用——以北京市通州区区域战略环境影响评价为例[J]. 中国环境科学, 32(7): 65-70.

Dahiya S, Singh B, Gaur S, et al. , 2007. Analysis of groundwater quality using fuzzy synthetic evaluation[J]. Journal of Hazardous Materials, 147(3): 938-946.

Hyun J O, Yong S K, Jong K C, et al. , 2011. GIS mapping of regional probabilistic groundwater potential in the area of Pohang City, Korea[J]. Journal of Hydrology, 399(3): 158-172.

Kamble S R, Vijay R, 2011. Assessment of water quality using cluster analysis in coastal region of Mumbai, India [J]. Environmental Monitoring and Assessment, 178(1-4): 321-332.

Richard S M, Williams T D, Malcolm J B, 2001. How environmental stress affects density dependence and carrying capacity in a marine copepod[J]. Journal of Applied Ecology, 37(3): 388-397.

Rahman A, 2008. A GIS based DRASTIC model for assessing groundwater vulnerability in shallow aquifer in Aligarh, India[J]. Applied Geography, 28(1): 32-53.

Russo R C, 2002. Development of marine water quality criteria for the USA[J]. Marine Pollution Bulletin, 45(1-12): 84-91.

Tian X G, Ju M T, Shao C F, et al. , 2011. Developing a new grey dynamic modeling system for evaluation of biology and pollution indicators of the marine environment in coastal areas[J]. Ocean & Coastal Management, 54(10): 750-759.

Ying O Y, 2005. Evaluation of river water quality monitoring stations by principal component analysis[J]. Water Research, 39(12): 2621-2635.

Zou Z H, Yun Y, Sun J N, 2006. Entropy method for determination of weight of evaluating indicators in fuzzy synthetic evaluation for water quality assessment[J]. Journal of Environmental Sciences, 18(5): 1020-1023.

第2章 辽宁省海岸带资源环境与开发概况

2.1 引 言

近岸海域是与人类生产生活密切相关的重要经济带，是人类开发海洋、发展海洋经济的重点区域，受人为扰动的影响较大。城镇生活废水和工农业废水的排放、填海造地、围滩养殖、港口及航道建设、海上溢油、海洋资源的不合理开发利用、外来物种入侵、海洋地质灾害等各种人为和自然因素的影响，使近岸海域面临着越来越大的环境压力，生境退化和环境污染等问题越来越严重。总体来看，陆源污染和海岸带开发是影响海洋和海岸环境变化的主要因素。陆源污染是指工业废水、居民生活污水以及人畜粪便、农药、化肥等，通过河川径流或沿岸的排污口排入海中，对近岸海洋环境造成污染。陆源污染虽然是造成海洋污染的主要因素，但可通过控制和消减入海口及排污口各类陆源污染物的排放使其得到有效控制。海岸带开发对海洋环境的影响比较复杂，不同类型的海岸带开发活动对海洋环境的影响是不同的，尤其是大范围的填海造地、海洋资源开发，势必会引起该区域海洋和海岸环境的巨大变化，并产生一系列生态和环境问题，对区域可持续发展造成影响。因此，为了能够合理开发海洋资源，在实现海洋经济快速发展的同时，防止海洋污染和生态破坏，做到海洋经济发展和生态环境相协调，研究海洋开发活动对海洋环境的影响是非常必要的。

本章首先介绍辽宁省海岸带的地理区位、自然条件、社会经济条件及其资源特征，然后就辽宁省海岸带目前的用海类型现状进行分析，并就相关典型海岸带开发活动对海洋环境造成的影响进行分析，最后归纳总结目前辽宁省近岸海域存在的主要环境问题，为接下来第3章至第6章将要进行的海岸带环境相关问题的专项研究打下基础。

2.2　自然环境与经济概况

2.2.1　地理区位

辽宁省是我国最北端的海洋大省，毗邻黄海和渤海，地理坐标为东经 118°53′～125°46′和北纬 38°43′～43°26′。辽宁省具有得天独厚的区位优势，西北与内蒙古自治区毗连，是东北亚地区通往世界的前沿阵地；东部与日本、韩国、朝鲜隔海临江相望，具有面向环太平洋经济圈的重要位置优势；西部为东北与京津冀都市圈的交汇处，在环渤海经济圈中占有重要位置。

辽宁省沿海辖 1 个副省级城市（大连）、5 个地级市（丹东、营口、盘锦、锦州、葫芦岛），11 个县市，77 个乡镇。辽宁大陆海岸线东起鸭绿江口，西至绥中县万家镇辽冀海域分界点，全长 2292.4km，其中近海水域面积 6.4 万 km²，沿海滩涂面积 2070km²（数据来源于辽宁省人民政府官网）。沿海各市中大连市海域面积最大，占辽宁省海域面积的 60%以上。

2.2.2　自然条件

1. 气候

辽宁省海岸带地区地处中纬度，属暖温带湿润半湿润季风气候区，冬季寒冷，干燥少雪，夏季高温多雨，雨热同季。年平均气温在 8～11℃，无霜期为 180～200 天，年降水量为 700～1100mm，自东向西逐渐递减。

2. 地质条件

辽宁省海岸带及附近地域位于新华夏系巨型隆起带和沉降带上，海岸带地貌分区包括辽东半岛山地丘陵区、下辽河平原区和辽西山地丘陵区。辽东半岛南部和辽西为基岩、砂质海岸，辽河三角洲和黄海北部为淤泥质海岸。海底地貌主要包括鸭绿江水下三角洲、辽河水下三角洲、六股河水下三角洲、辽东半岛水下岸坡、北黄海堆积平原、辽东湾堆积平原、辽东浅滩以及老铁山冲刷槽等。

3. 河流

辽宁沿海地区注入黄海的水系主要有鸭绿江、大洋河和碧流河等，注入渤海的水系主要有辽河、浑河、太子河（浑河与太子河汇合为大辽河）、绕阳河、大凌河、小凌河和六股河等。全省直接入海河流 60 余条，其中流域面积在 500km² 以上的河流有 19 条。

4. 海洋水文

辽宁省海域潮汐大多属正规半日潮。自渤海海峡沿复州湾及辽东湾东、西岸段直至绥中团山角附近沿岸属非正规半日混合潮，新立屯附近属正规全日潮，绥中娘娘庙沿岸属非正规全日混合潮。

辽宁省海域海流主要系黄海暖流形成的辽东湾环流和北黄海沿岸流。辽东湾春季形成顺时针方向的环流系统，长兴岛附近流速最大；夏季则为逆时针方向，仍以长兴岛附近流速最大。北黄海沿岸流为气旋环流，自东向西分布，流向终年不变，但其强度受鸭绿江、大洋河径流和沿岸风向、风速影响而发生季节性变化，夏季流速大于春季。

辽宁省海域冬季盛行偏北向浪，夏季多偏南向浪，春、秋两季浪向多变，盛行浪不明显。黄海北部海域常浪向和强浪向分别为东南向-南向和西南向，风浪向多出现于西北偏北向-北向、东南偏南向-东南向或西南偏南向-西南向，涌浪向多出现于东南向-南向或南向。逐日平均波高 0.2～0.6m，最大波高 8.0m；辽东湾东部海域多为东北偏北向风浪，涌浪甚微，强浪向北向-东北偏北向，常浪向西南偏南向，逐日平均波高 0.2～0.9m，波浪以春、秋季最大；辽东湾西部海域常浪向西南偏南向，强浪向东南偏南向-东南向或西南偏南向-西南向，涌浪明显。

2.2.3 社会经济条件

2015 年，辽宁省海洋经济持续稳步增长，地区生产总值达到 28669 亿元，生产总值增长速度为 3.0%；海洋生产总值达 4370 亿元，同比增长 3.6%；渔业经济总产值实现 1366 亿元，同比增长 7.8%；产业增加值 672 亿元，同比增长 4.2%；海洋交通运输业、滨海旅游业等第三产业的拉动和引领作用日益明显，港口货物吞吐量达 10 亿 t，滨海旅游同比增长 11.2%；海洋电力、海水综合利用等新兴产业稳步发展，临海新能源、石化产业、海洋装备制造等产业集聚集约发展；水产品总产量 523 万 t，同比增长 1.5%；全社会固定资产投资额为 17917.9 亿元，其中农、林、牧、渔业固定资产投资额为 510.3 亿元；到 2015 年末，辽宁沿海地区人口数达到 4382 万人，渔民人均纯收入达到 1.66 万元，同比增长 3.8%（国家海洋局，2016）。

2.3 海岸带资源特征

2.3.1 海洋渔业资源

辽宁省海域地跨黄、渤两海，沿岸入海河流众多，海域生物饵料资源丰富，是众多海洋生物的产卵场和索饵场，这里有著名的海洋岛渔场和辽东湾渔场。据不完全统计，辽宁近海海域和海岸带海洋生物种类有 520 余种，其中浮游生物超过 147 种，海洋底栖生物 280 多种，游泳生物 137 种。其中已构成资源并为渔业所开发利用的海洋生物经济种类 80 多种，主要以小型、生命周期短、种群结构简单、低营养级的低质鱼类为优势资源，主要有斑鲦、黄鲫、鳀类、鲆鲽类、鲈鱼、马面鲀、狮子鱼类、兰点马鲛、绵鳚、鳗和梅童鱼等，资源量均在 1 万 t 以上，主要分布在黄海北部及辽东湾内（国家海洋局，2011）。辽宁省近岸海域亦分布有较高经济价值的中国对虾、中国毛虾、虾蛄、三疣梭子蟹、日本鲟和河蟹（中华绒鳌蟹），资源量都在 1 万 t 以上，大部分分布在辽东湾海域（国家海洋局，2011）。辽宁海域是我国海珍品主产区，生长的海珍品有海参、鲍鱼、扇贝等，这些海珍品资源的 97.6%分布在大连沿岸。

2.3.2 滨海旅游资源

辽宁沿海拥有丰富的旅游资源和众多休闲避暑疗养胜地，以自然与人文、海洋与陆地、古代与现代、集中与分散巧妙融合为特征，形成以沙滩浴场、地质遗迹、滨海湿地、地貌景观、滨海风光、人文景观和海岛风光为特点的滨海旅游景点 200 余处，旅游景观海岸线长约 800km（吴姗姗等，2011）。

沙滩浴场有棒棰岛浴场、星海浴场、金石滩浴场等百余处。著名的海蚀景观有 100 多处，主要分布在黄海北岸，大连的金州—旅顺口区沿岸，辽东湾东岸的盖州市及西岸的兴城—绥中一带，海蚀崖、海蚀洞、海蚀柱、海蚀桥和海蚀阶地等比比皆是。菊花岛、蛇岛、棒棰岛等典型海岛旅游资源区有 30 余处，辽宁沿海基本形成以旅顺口战争遗迹、大连滨海自然风光为主体的辽南旅游资源区、以丹东为中心城市的辽东滨海旅游资源区、以盘锦滨海湿地为特色的辽河三角洲滨海旅游资源区和以锦州滨海自然风光为特色的辽西滨海旅游资源区。

2.3.3　港口资源

辽宁南靠渤海和北黄海海域，海岸曲折绵长，港口岸线 523.5km，其中大陆海岸线 421.5km，岛屿岸线 102km，分别占全国大陆海岸线和岛屿岸线总长的 18%和 16%，深水岸线长 278.2km，占全部港口岸线的 53%（辽宁省人民政府，2008）。港口是东北经济区通向世界的门户，目前辽宁已经初步形成了以大连港和营口港为主，锦州港和丹东港为辅，葫芦岛港和盘锦港为补充的海上交通运输体系，拥有大连、营口、丹东、锦州等大中小港口 12 个，共有泊位 297 个，其中万吨级泊位 124 个，港口年货物吞吐量 1.94 亿 t，航线联结 50 多个国家和地区的 300 多个港口，已形成 40 余条海上通道，大连港、营口港、锦州港已分别同 100 多个国家和地区形成海上贸易网络。

2.3.4　海洋矿产与能源

辽宁省海岸带海洋矿产与能源储量丰富，主要海底矿产资源有油气、滨海砂矿以及建筑用海砂矿等。油气资源主要分布于辽东湾顶部及渤海中部，石油资源量约有 7.5 亿 t，天然气资源量约有 1000 亿 m^3，已探明具有开发价值的石油储量约为 1.25 亿 t，天然气储量约为 135 亿 m^3（国家海洋局，2010）。

辽宁海砂资源较为丰富，主要分布在六股河口外海、盖州滩海域、李家礁海域、绥中六股河沿岸、鸭绿江口外海、太平角北部海域、长兴岛—永宁海域以及辽东浅滩海域 8 个区域，分布面积约 9000km²，估算储量约为 99km³（国家海洋局，2010）。

2.4　海域用海现状及环境问题分析

2.4.1　辽宁省海岸线类型划分

海岸在形成和发育的过程中，由于受到海浪、潮汐、地质构造、地貌特征、入海河流以及人类活动等诸多因素的影响，不同的海岸线类型呈现出不同的形态特征。目前自然海岸线一般分为基岩岸线、砂质岸线、淤泥质岸线、河口岸线等，而对于人工海岸线的类型划分还较少涉及，暂时没有统一的标准，本章参考相关研究内容（毋亭等，2016；张云等，2015；马建华等，2015；索安宁等，2015；袁麒翔等，2015；张晓祥等，2014），及各人工海岸线的用途与利用方式特点，将人工海岸线划分为养殖围堤、盐田围堤、农田围堤、建设围堤、交通围堤及港口码头岸线 6 个二级类型（表 2.1），以便分析海岸线利用的结构分布特征。

表 2.1　海岸线分类体系

序号	一级类	二级类	序号	一级类	二级类
1	自然海岸线	基岩岸线	2	人工海岸线	养殖围堤
					盐田围堤
		砂质岸线			农田围堤
					建设围堤
		淤泥质岸线			交通围堤
		河口岸线			港口码头岸线

2.4.2　辽宁省海域用海类型划分

本章海岸带海域的使用现状统计分类按照《海域使用分类》(HY/T 123—2009) 执行（表 2.2），将辽宁省海域使用类型分为渔业用海、工业用海、交通运输用海、旅游娱乐用海、海底工程用海、排污倾倒用海、造地工程用海、特殊用海、其他用海 9 个一级类，30 个二级类。

表 2.2　海域使用现状分类

一级类		二级类		一级类		二级类	
编码	名称	编码	名称	编码	名称	编码	名称
1	渔业用海	11	渔业基础设施用海	4	旅游娱乐用海	41	旅游基础设施用海
		12	围海养殖用海			42	浴场用海
		13	开放式养殖用海			43	游乐场用海
		14	人工鱼礁用海	5	海底工程用海	51	电缆管道用海
2	工业用海	21	盐业用海			52	海底隧道用海
		22	固体矿产开采用海			53	海底场馆用海
		23	油气开采用海	6	排污倾倒用海	61	污水达标排放用海
		24	船舶工业用海			62	倾倒区用海
		25	电力工业用海	7	造地工程用海	71	城镇建设填造地用海
		26	海水综合利用用海			72	农业填海造地用海
		27	其他工业用海			73	废弃物处置填海造地用海
3	交通运输用海	31	港口用海	8	特殊用海	81	科研教学用海
		32	航道用海			82	军事用海
		33	锚地用海			83	海洋保护区用海
		34	路桥用海			84	海岸防护工程用海
				9	其他用海		

2.4.3　海域使用现状调查方法

辽宁省海岸带海域开发利用现状按两种方式进行调查：不改变海域属性的开放式养殖用海等，主要通过收集海域确权审批统计资料完成调查；改变海域属性的造地工程用海等，主要利用遥感影像解译，结合收集的海域使用现状统计资料完成海域开发利用现状调查。

2.4.3.1　海域确权审批资料收集和处理

海域使用现状调查采用资料收集、实地调查等多种方法相结合的方式进行，收集的资料主要包括辽宁省海岸带和海涂资源综合调查报告与图件、辽宁省海洋功能区划报告与图件、辽宁省省级与县市级海域勘界报告与岸线图件，以及各类海域勘界历史海岸线测绘数据等。在完成海域使用现状外业调查的基础上，对取得的数据、图件、文字和其他相关资料进行整理、归类，并计算海域使用面积与海岸线长度，对各级行政区划单元用海面积、各类海域使用面积、不同海域使用权性质、海域使用权属、类型变更等方面进行逐项统计核对，以获取各类海域使用单元的使用者、海域使用登记、各类海域使用单元的位置、界址线、面积等定量信息。

2.4.3.2　遥感数据和图像处理

1.　遥感数据

本章用到的遥感资料主要包括：2009 年左右的辽宁沿海地区 SPOT 卫星影像，具有 5 个波段，空间分辨率为 5m，共 21 景（图 2.1）；2009 年左右的辽宁沿海地区中巴资源卫星影像，数据空间分辨率为 19.5m，具有 9 个波段，共 14 景；其他陆地卫星（Landsat）系列遥感影像数据。Landsat 系列遥感影像数据包括：1995 年左右的辽宁沿海地区 TM 影像，数据空间分辨率为 30m，具有 7 个波段，共 6 景；2000 年左右的辽宁沿海地区 ETM+影像，具有 8 个波段，数据空间分辨率为 30m，共 6 景；2005 年左右的辽宁沿海地区 ETM+影像，具有 8 个波段，数据空间分辨率为 30m，共 6 景；2010 年左右的辽宁沿海地区 ETM+影像，具有 8 个波段，数据空间分辨率为 30m，共 6 景；2015 年左右的辽宁沿海地区 ETM+影像及 OLI 影像，ETM+影像具有 8 个波段，数据空间分辨率为 30m，共 3 景，OLI 影像具有 9 个波段，数据空间分辨率为 30m，共 3 景。研究所用 Landsat 遥感影像信息见表 2.3。

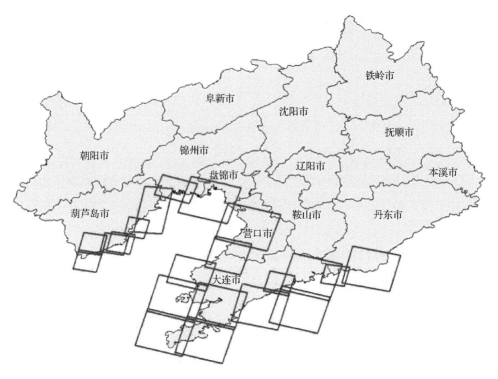

图 2.1　SPOT 遥感影像覆盖范围略图（见书后彩图）

表 2.3　研究所用 Landsat 遥感影像信息

序号	卫星	传感器	轨道号	分辨率/m	成像时间	序号	卫星	传感器	轨道号	分辨率/m	成像时间
1	Landsat5	TM	120—32	30	1995/09/11	16	Landsat5	TM	119—32	30	1995/09/15
2	Landsat7	ETM+	120—32	30	2000/03/08	17	Landsat7	ETM+	119—32	30	2000/11/02
3	Landsat7	ETM+	120—32	30	2005/03/29	18	Landsat7	ETM+	119—32	30	2005/09/11
4	Landsat7	ETM+	120—32	30	2010/09/15	19	Landsat7	ETM+	119—32	30	2010/09/26
5	Landsat7	ETM+	120—32	30	2014/10/14	20	Landsat8	OLI	119—32	30	2015/10/16
6	Landsat5	TM	120—32	30	1995/09/27	21	Landsat5	TM	118—32	30	1995/09/18
7	Landsat7	ETM+	120—32	30	2000/11/03	22	Landsat7	ETM+	118—32	30	2000/11/09
8	Landsat7	ETM+	120—32	30	2005/09/14	23	Landsat7	ETM+	118—32	30	2005/09/18
9	Landsat7	ETM+	120—32	30	2010/09/28	24	Landsat7	ETM+	118—32	30	2010/09/21
10	Landsat7	ETM+	120—32	30	2014/10/13	25	Landsat8	OLI	118—32	30	2015/10/12
11	Landsat5	TM	120—32	30	1995/09/22	26	Landsat5	TM	118—32	30	1995/09/10
12	Landsat7	ETM+	120—32	30	2000/11/08	27	Landsat7	ETM+	118—32	30	1999/11/02
13	Landsat7	ETM+	120—32	30	2005/09/16	28	Landsat7	ETM+	118—32	30	2006/09/21
14	Landsat7	ETM+	120—32	30	2010/09/22	29	Landsat7	ETM+	118—32	30	2009/09/26
15	Landsat7	ETM+	120—32	30	2014/10/17	30	Landsat8	OLI	118—32	30	2016/10/04

2. 遥感图像处理

1）几何精校正

首先对遥感数据进行质量检查，然后对遥感数据进行几何精校正。校正中一部分地区以 1∶50000 地形图作为地理底图选取控制点，一部分地区以人工实测数据作为控制点，从而进行几何精校正，辽宁省沿岸共采集了 267 个精校正控制点，所有配准误差均小于 1 个像元。所有影像校正均基于 WGS84 UTM 投影，以便与其他数据进行叠加处理。

2）信息增强处理

（1）彩色合成。根据 TM、ETM+、CBERS-1、SPOT 数据各波段的电磁波特征及其主要设计用途选择合适的波段进行假彩色合成。TM 和 ETM+选择了 7（红）、4（绿）、1（蓝）波段合成，形成假彩色影像，进行人工解译识别。CBERS-1 则选择 4（红）、3（绿）、2（蓝）波段进行彩色合成。SPOT 同样选择 4（红）、3（绿）、2（蓝）波段进行彩色合成。合成后的各图像经线性拉伸后，影像清晰自然，色彩协调，反差适度，视觉效果好，易于判读。

（2）信息融合。为充分发挥 ETM+数据全色波段的高几何分辨率信息，提高地表细节信息的反映能力，采用 ETM+ 8 波段与 TM7、TM4、TM1 合成影像进行融合，使融合后的图像既保持了原图像的光谱分辨率，又提高了图像的几何分辨率。采用 HSV（H 表示色调，S 表示饱和度，V 表示明度）变换对 Landsat8 OLI 全色和多光谱数据进行融合，经试验，通过 HSV 变换融合后的影像具有更多的光谱信息量，且影像细节信息得到增强。

（3）分段线性拉伸。为了提取潮间带及相关地物信息，用分段线性拉伸方法将陆上地物反射信息进行压缩，将海域反射率较窄的波谱范围进行拉伸，经过处理后的图像可以清晰地将海域分带信息显示出来。

（4）图像拼接。将各期校正处理后的遥感影像进行数字镶嵌。

3. 地物信息提取及解译

1）基于 CA 模型的海岸线提取

元胞自动机（cellular automaton，CA）模型在图像分类与模式识别中的优势明显,越来越多的学者将其用于混合像元分解及图像边缘检测等。本节参考冯永玖等(2012)的论文,构建了一种海岸线遥感信息提取的 CA 模型,并在 MATLAB 环境下开发实现。

演化规则是 CA 模型框架的核心,本节采用 CA 模型中的 Moore 型,定义在图像边缘检测中元胞(像元)从上一时刻转换到下一时刻所依据的规则如式(2.1)所示:

$$S_t = f(S_{t-1}, N_{ei}, C_{con}) \tag{2.1}$$

式中,t 为迭代运算时间;N_{ei} 为邻近元胞状态;C_{con} 为元胞演化的限制条件;f 为演化规则函数;S_t 和 S_{t-1} 分别为中心元胞在 t 和 $t-1$ 时刻的状态。

以带有方向信息权重的元胞邻域灰度指数作为海陆分离的指标,具体如式(2.2)所示:

$$G_{N_{ei}} = \frac{\sum_{i+1}^{N} W_i \times C_i}{n \times n - 1} \tag{2.2}$$

式中,n 为元胞邻域半径;C_i 为第 i 个元胞的灰度值,其存在水平、垂直、对角线方向 135°、对角线方向 45° 四个基本方向的灰度突变信息,其中处于中心位置的为中心元胞,在 CA 演化规则中其状态由邻域决定;W_i 为第 i 个元胞的权重,$G_{N_{ei}}$ 为元胞邻域灰度指数。

在海陆分离二值化图像基础上进行水边线的追踪,该追踪算法通过定义模板对图像元胞进行邻域检测,当中心元胞的邻域内存在一个水域元胞,则该中心元胞即为水边线的组成部分,同时给该元胞赋以固定灰度值,当整个图像检测完毕,将海岸线元胞以外的图像设置为背景值,即可提取完整的水边线信息。

水边线受潮起潮落及卫星过境时间的影响,与多年平均大潮高潮位形成的痕迹线(即海岸线)存在着一定的误差,因此需要基于已提取的水边线,结合遥感影像过境时间及潮汐计算公式,通过校正得到海岸线,潮位校正原理如图 2.2 所示(申家双等,2009)。

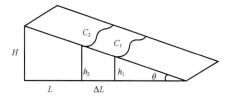

图 2.2　潮位校正原理

假设 C_1、C_2 为研究区不同时刻影像提取的水边线，记录 C_1 和 C_2 水边线的距离 ΔL，h_1、h_2 为两幅影像卫星过顶时刻的潮位高度，则岸滩坡度角：

$$\theta = \arctan[(h_2 - h_1) / \Delta L] \tag{2.3}$$

水边线修正为平均大潮高潮线的距离 L：

$$L = (H - h_2) / \tan\theta \tag{2.4}$$

式中，H 为平均大潮高潮位高度，可根据多年潮位资料得到。

本节利用 2008 年辽宁省海域勘界数据对提取的海岸线进行误差分析，2008 年辽宁省海域勘界数据由实测数据获得，精度较高，可以作为海岸线精度评价的标准。本节选取了与 2008 年辽宁省海域勘界数据时间相近的 2010 年海岸线进行误差分析，由于两个时间点不是完全匹配，选取了未发生变迁区域的海岸线进行误差分析，尽可能覆盖更多的海岸线类型，并在选取岸段上均匀地布点，逐个计算海域勘界数据海岸线上各点与对应的海岸线提取结果之间的平均距离，以及标准方差和均方根误差（RMS），并对比两者的海岸线类型，计算海岸线类型一致的控制点所占比例。其中 RMS 的计算公式如下：

$$\text{RMS} = \sqrt{\frac{D_1^2 + D_2^2 + \cdots + D_n^2}{n}} \tag{2.5}$$

式中，n 为选取的测量点个数；$D_i(i = 1, 2, \cdots, n)$ 为测量点到提取岸线的垂直距离。将解译的海岸线类型数据和实测数据进行比对计算，RMS 误差小于 9.9m，小于基于遥感影像提取海岸线的理论最大允许误差，各期海岸线类型精度评价结果均值为 93.24%，能够满足本次研究的需要。

2）海域用海类型信息提取

在分析不同地物反射波谱特征的基础上，对经过处理的各期遥感图像进行人机交互解译，确定围海养殖用海、港口用海、盐业用海、旅游基础设施用海、开放式养殖用海、电力工业用海、路桥用海、浴场用海、农业填海造地用海等二级用海的面积与分布特征，并对提取的信息按照一定的标准数据格式进行存储，本书统一采用 ESRI 的 SHP 文件格式，字段包括 ID 号（海域使用项目编号）、省份、市、海岸线类型、海岸线长度、年份、是否人工、围填海面积、周长、用海类型等。在此基础上，对提取的信息数据进行整理，形成专题图件。

2.4.4 辽宁省海岸线类型变化分析

1995 年、2000 年、2005 年、2010 年、2015 年辽宁沿海经济带各类型海岸线长度及所占比例如表 2.4 所示。

表 2.4 辽宁沿海经济带各时期各类型海岸线长度统计表

海岸线类型		海岸线长度/km					占总海岸线长度比例/%				
		1995 年	2000 年	2005 年	2010 年	2015 年	1995 年	2000 年	2005 年	2010 年	2015 年
人工海岸线	养殖围堤	774.0	836.7	1023.0	933.6	855.1	40.65	41.87	48.50	43.16	36.46
	建设围堤	122.2	128.5	130.6	191.8	392.3	6.42	6.43	6.19	8.87	16.72
	港口码头岸线	45.7	51.5	69.9	162.7	251.6	2.40	2.58	3.32	7.52	10.73
	盐田围堤	260.4	300.4	200.8	180.2	151.9	13.68	15.03	9.52	8.33	6.48
	交通围堤	54.7	57.4	85.6	120.5	145.4	2.87	2.87	4.06	5.57	6.20
	农田围堤	14.5	14.1	10.6	6.8	4.5	0.76	0.71	0.50	0.31	0.19
	小计	1271.5	1388.6	1520.5	1595.6	1800.8	66.78	69.49	72.09	73.76	76.78
自然海岸线	河口岸线	71.4	63.0	54.6	46.2	37.8	3.75	3.15	2.59	2.13	1.61
	基岩岸线	229.2	220.7	212.2	203.7	195.2	12.04	11.05	10.06	9.42	8.32
	砂质岸线	245.0	241.3	239.6	237.9	234.2	12.87	12.08	11.36	11.00	9.98
	淤泥质岸线	86.8	84.5	82.2	79.9	77.6	4.56	4.23	3.90	3.69	3.31
	小计	632.4	609.5	588.6	567.7	544.8	33.22	30.51	27.91	26.24	23.22
合计		1903.9	1998.1	2109.1	2163.3	2345.6	100.00	100.00	100.00	100.00	100.00

注：受海岸线尺度效应以及海岸线范围界定原则等诸多因素影响，表中海岸线长度会和有关部门公布的数据有一些差异

通过表 2.4 可知，由于受到人类活动及海陆作用的共同影响，1995~2015 年辽宁沿海经济带海岸线总长度增加了 441.7km，到 2015 年达到 2345.6km，其中人工海岸线增加了 529.3km，而自然海岸线则减少了 87.6km。1995~2000 年辽宁沿海经济带海岸线总长度增加了 94.2km，平均以 18.84km/a 的速度增加，增长速度

相对较缓，2000 年后开始持续较快增长，平均以 23.17km/a 的速度增加。与此同时，人工海岸线占总海岸线长度比例从 1995 年的 66.78%上升到 2015 年的 76.78%，其中 1995～2000 年仅上升 2.71%，2000～2015 年上升 7.29%，表明 2000 年之后辽宁沿海经济带加大海岸线资源开发力度，海岸线长度明显增加，自然海岸线向人工海岸线转变的速度显著加快。

1995～2015 年，辽宁沿海经济带人工海岸线中除了盐田围堤和农田围堤海岸线长度减小以外，其他类型海岸线长度均有不同程度的增加，其中港口码头岸线和建设围堤海岸线长度变化最显著。由于工业、养殖业、旅游业和对外贸易的不断发展，盐田围堤和农田围堤分别被用于修建港口码头及城市建设，其所占比例不断减小，到 2015 年，占总海岸线长度比例分别下降了 7.2%和 0.57%；养殖围堤是最主要的海岸线类型，1995～2015 年养殖围堤海岸线长度共增加了 81.1km，呈先上升后下降的趋势，占总海岸线长度比例由 1995 年的 40.65%下降到 2015 年的 36.46%。

相对于人工海岸线，自然海岸线长度呈下降趋势，砂质岸线是辽宁沿海经济带主要的自然海岸线类型，1995 年砂质岸线长达 245km，至 2015 年减少了 10.8km，占总海岸线长度比例从 12.87%下降到 9.98%；其次为基岩岸线，1995 年基岩岸线长达 229.2km，至 2015 年缩减为 195.2km，占总海岸线长度比例从 12.04%下降到 8.32%；辽宁沿海经济带河口岸线和淤泥质岸线占总海岸线长度比例相对较小，但近 20 年间均呈不同程度的下降态势。

随着人类活动不断向海推进，以及对一些小型海湾采取截弯取直的不当围填方式，辽宁沿海经济带自然海岸线在逐渐减少，海岸线类型也不断发生动态变化，养殖围堤、建设围堤、港口码头岸线、交通围堤的海岸线长度呈不同程度的增加，河口岸线、基岩岸线、砂质岸线及淤泥质岸线长度呈不同程度的缩减。

2.4.5　辽宁省海域使用现状

辽宁省海域使用面积为 18113.27km^2，其中渔业用海面积 17425.72km^2，占辽宁省海域使用面积的 96.20%；工业用海面积 284.92km^2，占 1.57%；交通运输用海面积 283.81km^2，占 1.57%；其余用海类型所占比例为 0.66%。辽宁省海域使用结构如图 2.3 所示。辽宁省海域用海重点为渔业用海，主要分布在海岛周边和近岸浅海，在东港市、长山群岛和双台子河口附近海域呈规模分布；其次是工业用海，集中分布在皮口、复州湾、营口南部、锦州大有农场、凌海附近海域等区域；交通运输用海主要分布在丹东港、大连港、营口港、盘锦港和锦州港附近海域，其余类型的用海项目很少。与全国海域使用结构比较，辽宁省渔业用海比例偏高，交通运输用海、工业用海和旅游娱乐用海等比例偏低。

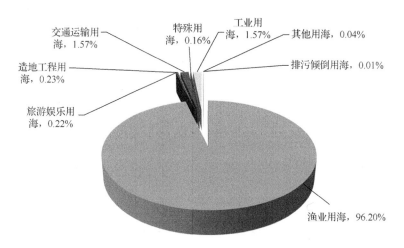

图 2.3　辽宁省海域使用结构图（见书后彩图）

海底工程用海占比小于 0.01%，忽略不计

辽宁省海域主要二级用海类型为开放式养殖用海，面积为 16313.23km^2，占辽宁省海域使用面积的 90.06%；其次是围海养殖用海，面积为 1002.21km^2，占 5.53%；港口用海面积为 191.24km^2，占 1.06%；电力工业用海面积为 107.77km^2，占 0.60%；渔业基础设施用海面积为 96.62km^2，占 0.53%；锚地用海面积为 54.96km^2，占 0.30%，其余二级用海类型用海很少。与全国二级用海类型结构相比，辽宁省开放式养殖用海比例较大，远远高于全国平均水平，主要分布在黄海北部沿岸和辽东湾沿岸，其中黄海北部沿岸主要分布在登沙河以东到鸭绿江口，尤其以东港市和庄河市最为集中；辽东湾沿岸主要集中在辽河、双台子河、大凌河入海处、普兰店湾、长兴岛、凤鸣岛、西中岛地区、金州湾以及兴城和绥中等

地。围海养殖用海主要集中在辽东湾北部的锦州凌海市、盘锦的大洼区与盘山县，辽东湾东部的大连瓦房店市、金州区、普兰店区，黄海北部海域的大连庄河市、东港市 8 个县（市、区）。港口用海面积比例也较大，主要集中分布在锦州凌海市、营口的鲅鱼圈区、大连的金州区、丹东的东港市等地。辽宁省二级用海类型具体情况如表 2.5 和图 2.4 所示。

表 2.5　辽宁省二级用海类型海域使用面积　　　　（单位：km²）

二级类	海域使用面积	二级类	海域使用面积
开放式养殖用海	16313.23	油气开采用海	31.5
人工鱼礁用海	13.66	旅游基础设施用海	27.55
围海养殖用海	1002.21	游乐场用海	2.2
渔业基础设施用海	96.62	浴场用海	9.92
港口用海	191.24	电缆管道用海	0.5
航道用海	34.3	海底隧道用海	0.22
路桥用海	3.31	污水达标排放用海	1.93
锚地用海	54.96	城镇建设填海造地用海	41.06
船舶工业用海	35.58	农业填海造地用海	0.52
电力工业用海	107.77	海岸防护工程用海	9.44
固体矿产开采用海	2.96	海洋保护区用海	1.6
海水综合利用用海	0.99	军事用海	0.35
其他工业用海	52.6	科研教学用海	17
盐业用海	53.52	其他用海	6.53

注：海底场馆用海、倾倒区用海和废弃物处置填海造地用海的海域使用面积为 0

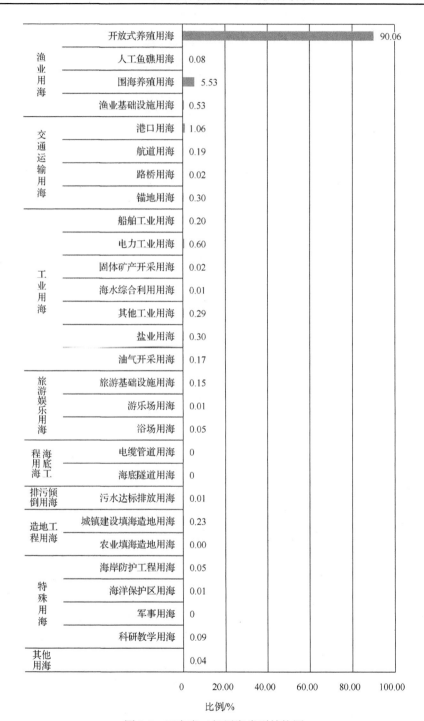

图 2.4 辽宁省二级用海类型结构图

海底场馆用海、倾倒区用海和废弃物处置填海造地用海占比为 0

总的看来，辽宁省海域开发利用程度较高，形式较为多样，以渔业用海中开放式养殖用海为最主要形式，占决定性地位；其次为交通运输用海和工业用海；另外，造地工程用海也有一定的规模，但辽宁省保护区用海远远不足。从辽宁省海域用海产业分布来看，第一产业利用最多，第二产业其次，第三产业最少。此外，目前辽宁省部分地区渔业养殖病害比较严重，渔业环境污染日趋严重，对环境产生的影响比较突出，导致目前辽宁省海洋资源开发利用程度低，整体效益不明显，抵御自然灾害能力较差。因此，要关注海洋资源开发，更要关注海洋资源开发建设给海洋环境带来的各种压力，不同类型的开发活动对海洋环境的影响是不同的，既要保护海洋环境，合理开发海洋资源，同时又要防止海洋污染和生态破坏，做到海洋经济发展和生态环境相协调。

2.4.6 典型海岸带开发活动环境影响分析

根据以上辽宁省海岸线、海域开发利用情况的分析可以看出，辽宁省海岸带海域开发利用的主要方式为渔业、盐业等传统用海，同时工业、港口工程等填海造地规模增长也较快。其中对海岸带环境影响较大的海域用海方式主要有围海养殖、港口航运、临海工业、填海造地等。围海养殖、工业和港口工程填海造地占用大量自然海岸线、滩涂湿地以及沿岸海湾生态空间，使海域自然形态发生显著变化，造成海湾纳潮量、水动力环境的改变，从而影响海域环境容量（葛成凤，2012）；而临海工业、港口航运等用海方式产生的排污倾废则对海域环境质量产生直接影响。

2.4.6.1 渔业用海对环境的影响

辽宁省海岸带开发利用现状中渔业用海占比 96.2%，长海县、丹东市等海岛周边及沿岸滩涂养殖用海集中密集分布，渔业用海的环境影响不容忽视。各类渔业用海由于使用方式、生产运营特点不同，对海洋环境的影响也不同。

1. 渔船溢油及含油污水污染

辽宁省沿岸渔港、渔船修造用海，一般工程建设规模较小，对水动力环境影响不大，但因为小型渔港、修造船厂等缺乏严格的监管和完善的环境保护设施，极易产生漏油、含油污水排放等问题，对附近的沿岸养殖区水环境产生不利影响。

2. 对海域水动力环境、海湾纳潮量等的影响

渔业用海中占主体的是开放式养殖用海和围海养殖用海，辽宁海岸带沿海均有大面积的养殖用海分布，其中黄海北部近岸的东港海域、庄河海域、长山群岛海域以及辽东湾盘锦凌海海域养殖用海较密集。大面积的围海养殖用海、开放式养殖用海对近岸海域水动力环境、海湾纳潮量等产生显著影响。辽宁海岸带沿岸的大洋河口、碧流河口、青云河口、复州河口、大小凌河口等众多河流入海口海域均存在大面积的围海养殖区，这些海域的养殖区分布显著降低了河口海域的河流流速、海湾纳潮量、海水交换速度以及海域的海水自净能力。

3. 养殖饵料、药物残留污染

海岸带海域分布大量的工厂化养殖区、围海养殖区和设施养殖区，其中大部分养殖品种均需要投放各类饵料，饵料残渣直接排放入海对水质产生污染，使海水溶解氧含量下降，有机污染物浓度升高，氮、磷等元素富集而产生赤潮灾害；另外，开放式养殖和设施养殖生产中使用的大量抗生素、激素类药物对海洋生态环境的影响也不容忽视，大量的药物溶解在海水中，改变海水环境，造成海洋生物系统紊乱，乃至死亡。

2.4.6.2　围填海开发用海对环境的影响

围填海是显著改变海域自然属性的海岸带开发活动，填海和围垦直接造成滩涂湿地生境损失，对海岸带海域环境造成的影响主要有以下几个方面。

1. 影响海域水动力环境和污染物扩散能力

大规模的围填海直接占用海域空间，一方面造成海湾水交换能力减弱，近岸水环境容量下降，削弱海水净化纳污能力；另一方面大规模的围填海显著改变海湾海域的水动力环境，破坏泥沙的冲淤平衡，甚至引起海岸侵蚀灾害。

2. 影响悬浮物扩散能力

填海工程均有大量的土石方工程作业，吹沙填海造成局部海域悬浮物浓度增加，海水透明度降低，对底栖生物、浮游植物和浮游动物将产生直接影响。

3. 影响海湾纳潮量、河流泄洪能力

围填海占用海湾空间、改变海湾形态、降低海湾纳潮量，使河流的行洪、泄洪能力受到影响。

2.4.6.3　港口航运用海对环境的影响

辽宁省港口航运用海占海岸带海域开发利用比例较大，近几年呈逐年增长趋势。港口航运用海主要包括港口码头工程构筑物建设、港口建设填海造地、港池围海工程以及航道、锚地等开放性水域用海等。辽宁省港口航运用海主要分布于丹东大东港、大连港、营口港、盘锦港、锦州港、葫芦岛港等主要港区周边，近年来锦州龙栖湾新港、营口仙人岛港区和大连长兴岛港区等港口用海快速增长。

1. 港口建设期的环境影响

港口填海造地一般都需要挖泥吹填，将会引起周边海域悬浮物扩散，对近岸底质环境造成不可逆转的改变。另外，港口码头、防波堤等构筑物用海将改变海域水动力环境，影响海湾的水交换能力、海水的自净能力以及污染物的扩散能力。锦州港防波堤长 2～3km，显著改变了锦州港周边的水动力环境，造成大笔架山天桥陆连堤被日益侵蚀萎缩，海湾严重淤积，水质恶化。

2. 港口航运区运营期的环境影响

港口航运区运营期的环境影响首先来自港口船舶的含油污水、船舶压舱水、燃油泄漏导致的油类污染及其他有害物质对环境产生的影响。近年来，辽宁省近岸航运日益密集，船舶溢油、港口码头作业溢油风险日益增大，溢油事故对辽宁省海域水质、沉积物、生物造成了严重的污染，污染持续时间长，治理难度大。

另外，港口航道、港池疏浚作业产生的悬浮物和固体废弃物，港口运营码头堆场作业产生的大量粉尘、污水、固体废弃物也一直是影响港口航道水域环境的重要因素。

2.4.7　辽宁省海岸带海域主要环境质量问题

随着辽宁省海洋经济的快速发展，辽宁省自然资源、生态环境与经济发展的

矛盾也越来越突出，主要表现在海洋可开发利用资源不断减少，利用效率低下，部分海域受污染严重，陆源污染物超标排放严重，近岸生态监控区生境丧失严重，海洋灾害频发等方面。

1. 近岸海域环境质量状况

辽宁省海洋环境状况公报显示，辽宁省近岸海域环境总体污染程度依然较高。2005～2016 年辽宁省近岸海域未达到清洁海域水质标准的面积呈现波动变化的趋势（部分数据见图 2.5），2013 年达到 4790km^2，2016 年有所减少，达到 2260km^2，海域环境状况有所好转。辽宁省污染严重的区域主要分布在葫芦岛东辛庄镇近岸至锦州湾、大凌河口至辽河口、大小窑湾及大连登沙河口至青堆子湾近岸海域。受来自沿岸的入海陆源污染物的影响，辽宁省近岸海域的主要污染物为化学需氧量、总磷、氨氮和悬浮物。

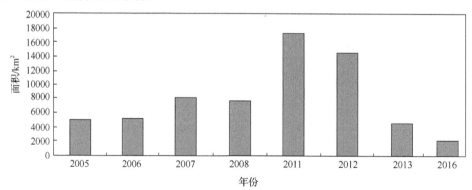

图 2.5　2005～2016 年部分年份辽宁省未达到清洁海域水质标准的面积

另外，辽宁省沿海各市海域受污染程度不同，盘锦市、锦州市和营口市海域由于受入海河流携带的污染物以及工业排污的影响，污染程度较重；丹东市、大连市和葫芦岛市海域受污染程度较轻。黄海海域整体受污染程度较渤海海域轻。

2. 陆源污染物排污状况

从辽宁省海域陆源污染物排污状况来看，鸭绿江、大辽河、双台子河、大凌河、小凌河等 8 条入海河流携带的污染物对辽宁省近岸海域海水环境影响较大。2013 年，辽宁省监测的主要河流入海污染物总量为 39.96 万 t，2016 年大幅度增加，污染物总量为 88.04 万 t，污染物的主要成分为化学需氧量、营养盐以及重金属等。

污染物超标排放情况严重。2016 年实施监测的入海排污口中，约 53.6%的排污口超标排放污染物，75.0%的重点排污口超标排放污染物。工业排污口、市政排污口和排污河的超标排放率分别为 20.0%、28.6%和 40.0%。海水增养殖区、风景旅游区、港口航运区及工业、城镇用海的排污口的超标排放率分别为 12.9%、11.4%、15.7%和 35.7%。

大部分排污口邻近海域水质不能满足功能区要求，入海排污口邻近海域环境质量较差。2007～2016 年辽宁省海洋环境状况公报监测结果显示，辽宁省 2007～2012 年均有 60%以上的排污口邻近海域水质等级为Ⅳ类或劣Ⅳ类，其中少数排污口邻近海域水质等级连续多年均为Ⅳ类或劣Ⅳ类，其主要污染物是无机氮和活性磷酸盐。2013 年之后Ⅳ类或劣Ⅳ类海水水质所占比例减小，到 2016 年海水环境状况略有好转，近岸局部海域海水环境污染依然严重。历年均有 70%以上的排污口邻近海域水质不能满足功能区要求，其中部分排污口邻近海域连续 5 年不能满足功能区要求。入海排污口超标排放，导致主要河口、海湾等典型生态系统处于不健康或亚健康状态，排污口邻近海域海水污染严重，富营养化程度加重，陆源污染物超标排放已严重制约了排污口邻近海域海洋功能的正常发挥。

3. 近岸生态系统健康状况

由于频繁的围填海开发、油田勘探和不合理的海水增养殖活动以及陆源污染物排放等，辽宁省多数生态监控区连续多年处于亚健康状态。2013～2016 年辽宁省海洋环境状况公报显示：2016 年双台子河口生态系统沉积物和水环境指数达到健康水平，海水中超标污染物主要为无机氮和活性磷酸盐，海水中石油类含量较 2013 年有所下降，沉积物质量符合第一类海洋沉积物质量标准，生物群落指数不健康；锦州湾海域中超标污染物主要为无机氮和石油类，沉积物环境指数达到健康水平，但沉积物中石油类和硫化物含量较 2013 年有所上升；生物群落指数依然不健康。

4. 重点开发海域环境质量状况

辽宁沿海经济带开发建设纳入国家战略之后高速发展，辽宁沿海经济带的围填海活动日渐频繁。2007～2016 年，营口沿海产业基地累积围填海面积达 52.87km^2，长兴岛临港工业区累积围填海面积达 48.29km^2，大规模的围填海活动占用了自然海岸线，改变了局部海域海岸线形态，同时工业废水的排放、海洋工程施工以及围填海工程的增加，对辽宁沿海经济带的海洋环境产生了一定的影响。

2.5 本 章 小 结

本章在简要介绍辽宁省海岸带的地理区位、自然条件、社会经济条件和资源特征的基础上，按照《海域使用分类》（HY/T 123—2009）中海域使用现状分类方法，一方面收集海域确权审批统计资料，另一方面通过遥感影像解译的方式对辽宁省海岸线类型划分及海域使用的现状进行调查。得出结论：目前辽宁省海域海洋资源开发利用程度低，整体效益不显著，抵御自然灾害能力较差。从用海类型分布来看，目前辽宁省海域开发利用的形式较为多样，以渔业用海中开放式养殖用海为最主要的形式，占有决定性地位；其次是交通运输用海和工业用海；另外，造地工程用海也有一定的规模，但辽宁省保护区用海远远不足。从用海产业分布来看，第一产业利用最多，第二产业其次，第三产业最少。

本章对渔业用海、围填海开发用海、港口航运用海典型海岸带开发活动对海洋环境造成的影响进行了分析，并在此基础上分析了辽宁省海岸带海域目前存在的主要环境问题。

参 考 文 献

冯永玖, 韩震, 2012. 海岸线遥感信息提取的元胞自动机方法及其应用[J]. 中国图象图形学报, 17(3): 441-446.

葛成凤, 2012. 铜、镉及磷在海洋沉积物上的吸附、解吸行为研究[D]. 青岛: 中国海洋大学.

国家海洋局, 2005. 中国海洋统计年鉴 2005[M]. 北京: 海洋出版社.

国家海洋局, 2006. 中国海洋统计年鉴 2006[M]. 北京: 海洋出版社.

国家海洋局, 2007. 中国海洋统计年鉴 2007[M]. 北京: 海洋出版社.

国家海洋局, 2008. 中国海洋统计年鉴 2008[M]. 北京: 海洋出版社.

国家海洋局, 2009. 中国海洋统计年鉴 2009[M]. 北京: 海洋出版社.

国家海洋局, 2010. 中国海洋统计年鉴 2010[M]. 北京: 海洋出版社.

国家海洋局, 2011. 中国海洋统计年鉴 2011[M]. 北京: 海洋出版社.

国家海洋局, 2016. 中国海洋统计年鉴 2016[M]. 北京: 海洋出版社.

辽宁省人民政府, 2008. 辽宁省沿海港口布局规划[R]. (2011-10-29)[2019-03-07]http: //guoqing. china. com. cn/gbbg/ 2011-10/29 / content_23757707. htm.

马建华, 刘德, 陈衍球, 2015. 中国大陆海岸线随机前分形分维及其长度不确定性探讨[J]. 地理研究, 34(2): 319-327.

申家双, 翟京生, 郭海涛, 2009. 海岸线提取技术研究[J]. 海洋测绘, 29(6): 74-77.

索安宁, 曹可, 马红伟, 等, 2015. 海岸线分类体系探讨[J]. 地理科学, 35(7): 933-937.

毌亭, 侯西勇, 2016. 海岸线变化研究综述[J]. 生态学报, 36(4): 1170-1182.

袁麒翔, 李加林, 徐谅慧, 等, 2015. 近 40a 象山港潮汐汊道岸线的时空变化特征及其与人类活动的关系[J]. 应用海洋学学报, 34(2): 279-290.

吴姗姗, 齐连明, 张凤成, 2011. 新型潜在滨海旅游区选划方法研究[J]. 海洋开发与管理, 28(7): 28-31.

张晓祥, 王伟玮, 严长清, 等, 2014. 南宋以来江苏海岸带历史海岸线时空演变研究[J]. 地理科学, 34(3): 344-351.

张玉凤, 宋永刚, 王立军, 等, 2011. 锦州湾沉积物重金属生态风险评价[J]. 水产科学, 30(3): 156-159.

张云, 张建丽, 李雪铭, 等, 2015. 1990 年以来中国大陆海岸线稳定性研究[J]. 地理科学, 35(10): 1288-1293.

第3章 辽宁省典型海岸带开发区环境现状调查及海域环境质量评价

3.1 引　言

　　锦州湾沿海经济区是辽宁沿海经济带发展规划中的重要区域，是辽宁沿海经济带"五点一线"的重点发展区域，是东北老工业基地对外发展的重要门户，是辽宁省海洋开发的典型区域，拥有重要的海岸线资源和港口资源，主要以电子工业、石化工业为主，同时发展制造业、能源、物流等临港产业。然而，与大多数海岸带开发活动区一样，随着海洋经济的迅速发展，伴随而来的是大面积近岸海域被填为陆地，工业排污口的超标排放，使得锦州湾海岸线发生显著变化，锦州湾成为我国污染严重的海湾之一。湾内水体污染物以石油类为主，还包括锌（Zn）、镉（Cd）、汞（Hg）、铜（Cu）、生化需氧量（BOD）和化学需氧量（COD）等。湾内生态系统连续多年处于不健康状态，沉积物污染严重，生境丧失严重。因此，本章选取锦州湾海域作为辽宁省海岸带开发区的典型代表，对其海洋环境特征进行分析评价，以期为人为扰动下近岸海域的海洋环境状况分析和评价提供一定的参考。

3.2　典型海岸带开发区水环境时空特征分析

　　锦州湾位于渤海辽东湾锦州小笔架山到葫芦岛柳条沟连线的西侧，湾口朝向东南，属于中水湾。截至 2016 年底，锦州湾海岸线长 124km，海湾面积为 173.32km^2，滩涂面积为 184km^2，滩涂比较平缓，湾口水深在 5m 以上（范文宏等，

2006）。锦州湾陆域狭义上包括"两港三区"，即锦州港、葫芦岛港，锦州经济技术开发区、葫芦岛市连山区高桥和塔山两个乡镇以及龙港区龙程路以东、茨齐路以北的沿海地区，还包括凌海市一小部分，共 150km²。锦州湾附近常年平均气温 9.4℃左右，多年平均降雨量 637.6mm，常风向为西北偏北向，次风向为西南向（张玉凤等，2011）。葫芦岛市和锦州市是国家重要的工业基地，拥有锦西炼油厂、葫芦岛锌厂、锦西化工总厂等，2016 年葫芦岛市工业企业总产值达 850.1 亿元。锦州湾用海类型多样，主要有围湾造地、水产养殖、工矿用海、港口航运等。

3.2.1　监测站位、监测时间、监测方法

为了准确掌握锦州湾附近海域海水环境状况，按照《海洋工程环境影响评价技术导则》（GB/T 19485—2014）的要求，2012 年 11 月在渤海北部的锦州湾海域及小凌河口、连山湾等毗邻海域（东经 120°45′30″～121°14′，北纬 40°35′～40°54′）进行 20 个监测站位的海洋环境质量调查，调查的项目包括 pH、悬浮物（SS）、溶解氧（DO）、化学需氧量、无机氮（IN）、活性磷酸盐、Cu、Pb、Zn、Cd、Cr、石油类，共计 12 项，各参数的测定均按《海洋监测规范》（GB 17378.4—2007）规定进行。

3.2.2　观测数据的分析与讨论

1. pH

2012 年 11 月锦州湾海域 pH 在 8.36～8.65 范围之内，平均值为 8.50（图 3.1）。pH 的空间分布整体上呈现由近岸向湾口逐渐递增的趋势，东部高于西部，东部局部海域 pH 超过Ⅱ类海水水质标准，连山河口、大兴河口附近海域的 pH 较低，尤其大兴河口海域 pH 最低。

2. 溶解氧

2012 年 11 月锦州湾海域溶解氧浓度在 6.19～8.02mg/L 范围之内，平均浓度为 7.10mg/L，各监测站位溶解氧浓度均达到Ⅰ类海水水质标准（图 3.2）。溶解氧浓度的分布由南到北逐渐增加，其中大兴河口、锦州港海域溶解氧浓度高于其他海域，葫芦岛港附近海域溶解氧浓度则相对较低。

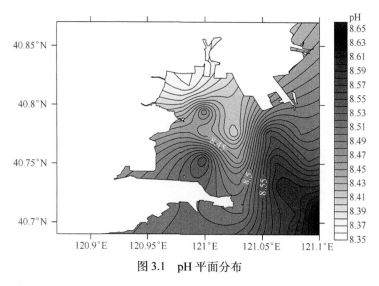

图 3.1　pH 平面分布

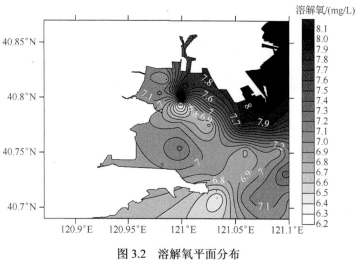

图 3.2　溶解氧平面分布

3. 无机氮

2012 年 11 月锦州湾海域无机氮浓度平均值为 484.86μg/L，污染普遍严重，所有监测站位无机氮浓度均超过了 II 类海水水质标准（图 3.3）。由于受大兴河和连山河的陆源污染物的影响，锦州湾海域无机氮浓度呈现北部高、南部低的特点，大兴河、连山河一带海域无机氮浓度高于其他区域，普遍超过 IV 类海水水质标准。

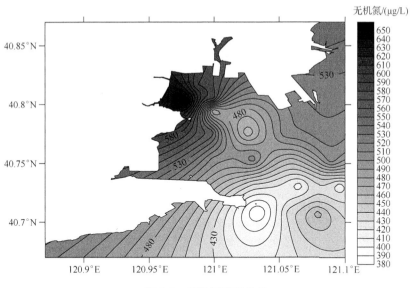

图 3.3　无机氮平面分布

4. 磷酸盐

2012 年 11 月锦州湾海域活性磷酸盐浓度在 6.31～8.77μg/L 范围之内，平均值为 7.19μg/L，所有监测站位的活性磷酸盐浓度均符合 I 类海水水质标准（图 3.4）。活性磷酸盐浓度的整体分布特征为：大兴河口附近海域活性磷酸盐浓度最高，其次为葫芦岛港附近海域及锦州湾附近海域。

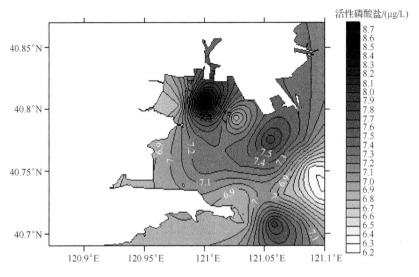

图 3.4　活性磷酸盐平面分布

5. 化学需氧量

2012 年 11 月锦州湾海域的化学需氧量浓度平均值为 1.31mg/L，达到Ⅰ类海水水质标准（图 3.5）。受陆源污染物影响，锦州湾海域化学需氧量的总体分布特征为：近岸海域化学需氧量浓度要高于远岸海域。

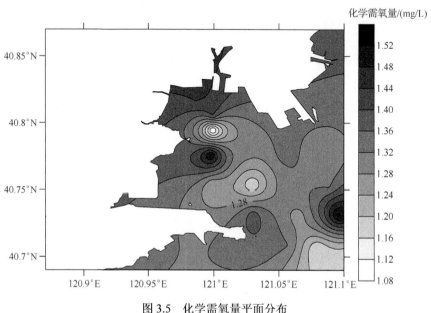

图 3.5 化学需氧量平面分布

6. 悬浮物

2012 年 11 月锦州湾海域悬浮物浓度在 5.3～52.3μg/L 范围之内，平均值为 26.32μg/L，达到Ⅲ类海水水质标准（图 3.6）。悬浮物浓度的总体分布特征为：远岸海域浓度高，近岸海域浓度低。局部特征为：连山河口、大兴河口附近海域悬浮物浓度普遍偏低，达到Ⅰ类、Ⅱ类海水水质标准；而锦州湾、大笔架山附近海域悬浮物浓度稍高，个别监测站位悬浮物浓度达到Ⅲ类海水水质标准。

7. 石油类

2012 年 11 月锦州湾海域石油类浓度在 7.41～41.2μg/L 范围之内，平均值为 11.89μg/L，各监测站位石油类浓度均达到Ⅰ类海水水质标准（图 3.7）。石油类浓度的分布特征为：葫芦岛港附近海域石油类浓度偏高于其他海域，其中葫芦岛港附近海域的 1 号监测站位石油类浓度最高，为 41.2μg/L，但没有达到Ⅱ类海水水质标准。

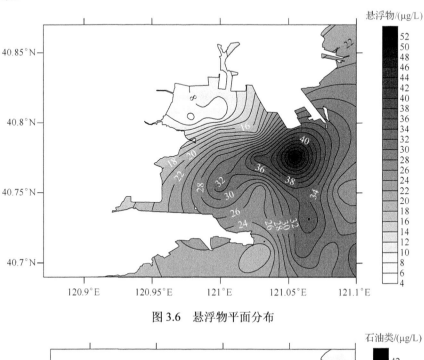

图 3.6　悬浮物平面分布

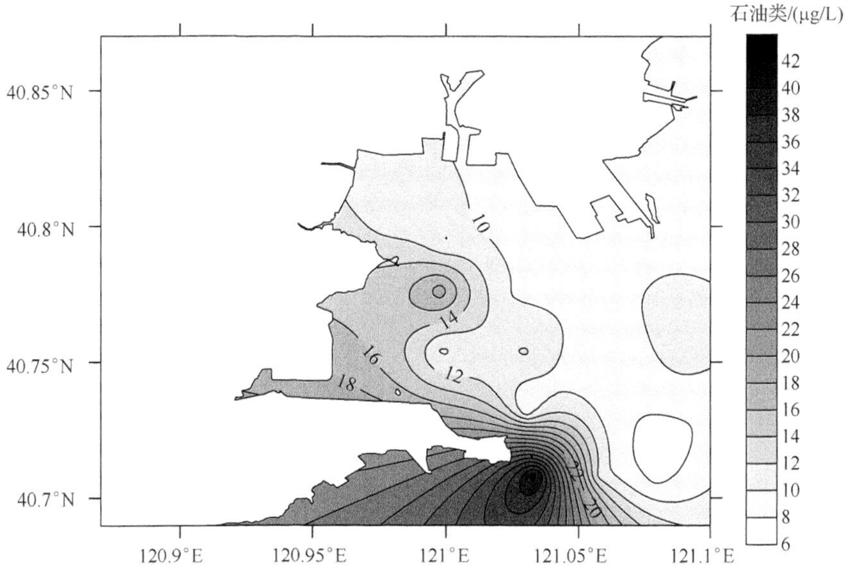

图 3.7　石油类平面分布

8. Cu

2012 年 11 月锦州湾海域 Cu 浓度在 0.4～5.3μg/L 范围之内，平均值为 1.89μg/L，达到 I 类海水水质标准（图 3.8）。分布特征为：锦州港附近海域 Cu 浓度偏高，最高值达 5.3μg/L，超过 I 类海水水质标准，其他海域 Cu 浓度相对较低，达到 I 类海水水质标准。

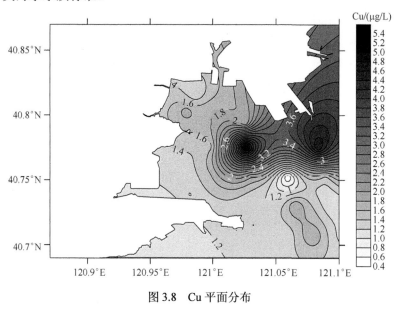

图 3.8　Cu 平面分布

9. Pb

2012 年 11 月锦州湾海域 Pb 浓度在 0.6～5.8μg/L 范围之内，平均值为 2.20μg/L，各监测站位 Pb 浓度普遍超过 I 类海水水质标准（图 3.9）。其分布特征为：葫芦岛港和锦州港附近海域 Pb 浓度相对较高，个别监测站位 Pb 浓度超过 II 类海水水质标准，大兴河口附近海域 Pb 浓度则相对较低。

10. Zn

2012 年 11 月锦州湾海域 Zn 浓度平均值为 9.35μg/L，达到 I 类海水水质标准（图 3.10）。总体分布特征为：南部海域 Zn 浓度高，北部海域 Zn 浓度低，其中五里河口附近海域 Zn 浓度最高，个别监测站位 Zn 浓度超过 I 类海水水质标准。

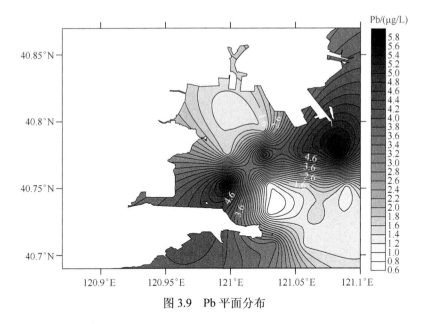

图 3.9　Pb 平面分布

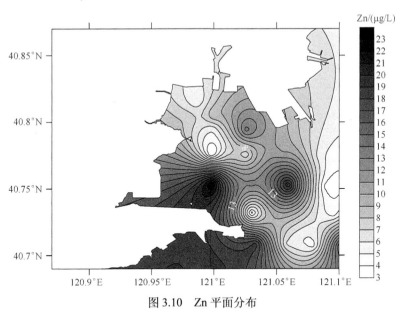

图 3.10　Zn 平面分布

11. Cd

2012 年 11 月锦州湾海域 Cd 浓度在 0.1～0.7μg/L 范围之内，平均值为 0.24μg/L，各监测站位 Cd 浓度均达到 I 类海水水质标准（图 3.11）。总体分布特征为：锦州港附近沿岸 Cd 浓度稍高，其他海域 Cd 浓度相对较低。

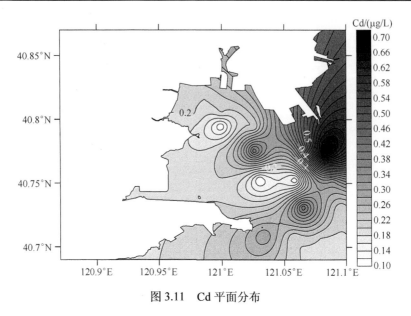

图 3.11　Cd 平面分布

12. Cr

2012 年 11 月锦州湾海域 Cr 浓度平均值为 1.66μg/L，所有监测站位 Cr 浓度均达到 I 类海水水质标准（图 3.12）。总体分布特征为：近岸海域 Cr 浓度要稍高于远岸海域，其中大兴河口附近 Cr 浓度最高。

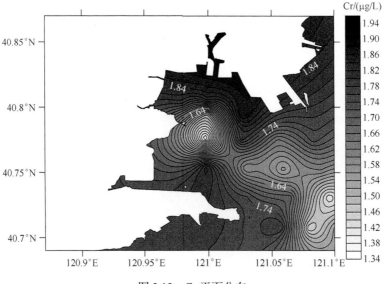

图 3.12　Cr 平面分布

总体来看，锦州湾海域污染比较严重，无机氮和重金属是锦州湾海域的主要污染物。调查结果显示，无机氮全部监测站位超过Ⅱ类海水水质标准，其中有 8 个监测站位超Ⅳ类海水水质标准，占总监测站位的 40%；重金属 Pb 有 2 个监测站位超过Ⅱ类海水水质标准，占总监测站位的 10%；其余评价要素均满足Ⅱ类海水水质标准的要求。锦州湾海域无机氮、重金属超标的监测站位主要集中在受河口径流、陆源排污影响较大的大河口和锦州湾西侧海域。造成无机氮超标的主要原因有两方面：一是未经处理的生活污水、工业污水通过大兴河口、五里河口、连山河口排入锦州湾海域，对海洋环境造成影响；二是近岸船舶及有关作业活动产生的垃圾、压载水、生活污水、废弃物等对锦州湾海域造成污染。重金属 Pb 超标可能由填海造地施工过程中，含重金属 Pb 的污水或渗滤液间歇式排放所致。相关管理部门应重点监控，对沿岸污染源进行核查，加强对无机氮、重金属 Pb 及石油类的监控，杜绝超标污水排入锦州湾海域，同时考虑填海造地对海洋环境的影响，应严格限制填海造地，使其对海洋环境的影响程度降至最低。

3.3　基于可变模糊集理论的海水水质评价模型研究

3.3.1　基于可变模糊集理论的海水水质评价模型的提出

自 20 世纪 50 年代以来，国内外学者对水体环境质量进行了深入的研究，各类水质监测评价方法得到逐步建立与规范。以 Beck（1987）为代表的国内外学者探讨了水质评价模型的不确定性，Russo（2002）介绍了美国水质标准的发展过程，Ouyang（2005）和 Bernard 等（2004）采用主成分分析法，借助 GIS 对海湾地区环境质量进行了评价；Zhao 等（2011）、Razmkhah 等（2010）和 Zhou 等（2007）从空间上对水质进行评价研究，Bernard 等（2004）和 Fulazzaky（2009）从生态系统角度对水质进行评价研究。刘庆霞等（2012）和王保栋等（2012）分别对近海水质从颗粒有机碳分布到富营养化等方面进行评价研究，吴斌等（2012）、李雪等（2011）、刘艳等（2009）、孙维萍等（2009）、郑琳等（2007）和王洪礼等（2005）

用单因子环境质量评价模型、BP人工神经网络法、模糊综合评价法、灰色关联分析评价法和主成分分析法等对不同区域海水水质进行评价。总体来看，这些方法各有优缺点。单因子环境质量评价模型（刘艳等，2009）过分强调个别受污染较重因子的影响，使综合评价结果往往过保护；BP人工神经网络法（李雪等，2011）通过训练误差反馈反复修改网络权重，虽然一定程度上避免了评价者的主观影响，但往往花费时间多、收敛速度慢，且容易产生很多局部最小点；灰色关联分析评价法在权重确定上过度依赖于不同级别的评价标准（孙维萍等，2009）；主成分分析法（Kazem et al，2012；Sarkar et al.，2007）本质上是一种排序评价方法，但在特征向量的选取上往往存有争议。海水水质评价具有明确的评价标准，评价因子及其含量变化不明确，各评价指标含量具有中介过渡性，属于模糊概念。大多数传统的水质评价方法往往将评价标准或参照标准处理成点的形式，存在一定的不足。目前，在实践工作中，模糊综合评价法的应用日益广泛，它突破了经典数学模型中只能以"非此即彼"来描述确定性问题的局限，采用"亦此亦彼"的模糊集合理论来描述非确定性问题（李凡修等，2003）。但模糊综合评价法（郑琳等，2007；Wang et al.，2007；Icaga，2007；Liou et al.，2003；Chang et al.，2001）在评价过程中存在一定的不确定性，且模型难以自我调整与自我验证。因此，为了科学地对海水水质进行评价，本章提出基于可变模糊集理论（陈守煜，2012，2005）的海水水质评价模型（VFEM），通过变化模型及其参数，能够合理地确定样本指标对各级指标标准区间的相对隶属度和相对隶属函数，有效地解决环境评价中边界模糊对评价结果的影响问题（Chang et al.，2001）。本章将以锦州湾海水水质为研究对象，应用提出的基于可变模糊集理论的海水水质评价模型对该区域海水水质状况进行评价，合理确定海水水质评价样本的水质等级，提高样本等级评价的可信度，为海域环境质量综合评价提供一种合理而适用的方法。

3.3.2　基于可变模糊集理论的海水水质评价模型的建立

1. 可变模糊集理论简介

20世纪90年代，陈守煜在札德模糊集合的基础上提出相对隶属度概念，建立工程模糊集理论，后又逐渐发展了可变模糊集理论（陈守煜，2005）。设论域 U 中任意元素 u 的对立模糊概念（事物、现象）和对立的基本模糊属性以 A 与 A^c 表示。在连续区间[1,0]（对 A）与[0,1]（对 A^c）的任一点上，对立基本模糊属性的相对隶属度分别为 $\mu_A(u)$、$\mu_{A^c}(u)$。左端点 p_1：$\mu_A(u)=1$，$\mu_{A^c}(u)=0$。右端点 p_r：$\mu_A(u)=0$，$\mu_{A^c}(u)=1$（图 3.13）。且

$$\mu_A(u)+\mu_{A^c}(u)=1 \tag{3.1}$$

式中，$0\leqslant\mu_A(u)\leqslant 1$；$0\leqslant\mu_{A^c}(u)\leqslant 1$。

在连续统区间左右端点 p_1 与 p_r 之间必存在确定的中介点 p_m，该点的对立模糊概念（事物、现象）和对立基本模糊属性的相对隶属度相等：

$$\mu_A(u)=\mu_{A^c}(u)=0.5 \tag{3.2}$$

p_m 为对立统一矛盾性质的转化点，在 $[p_1,p_m)$ 区间，$\mu_A(u)>\mu_{A^c}(u)$；在 $(p_m,p_r]$ 区间，$\mu_A(u)<\mu_{A^c}(u)$。

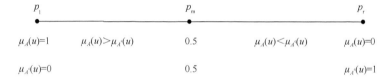

图 3.13　对立模糊集示意图

2. 建立海水水质评价指标标准值矩阵

设海水水质待评对象为 u，根据 m 个指标按 c 个级别的指标标准进行识别，形成多指标、多级别的指标标准区间矩阵：

$$Y_1=\begin{bmatrix} <a_{12} & [a_{12},b_{12}] & \cdots & [a_{1(c-1)},b_{1(c-1)}] & >b_{1(c-1)} \\ >a_{22} & [a_{22},b_{22}] & \cdots & [a_{2(c-1)},b_{2(c-1)}] & <b_{2(c-1)} \\ \vdots & \vdots & & \vdots & \vdots \\ <a_{m2} & [a_{m2},b_{m2}] & \cdots & [a_{m(c-1)},b_{m(c-1)}] & >b_{m(c-1)} \end{bmatrix} \tag{3.3}$$

式中，a_{ih}、b_{ih} 分别为指标 i 级别 h 标准值区间的上下限值。式（3.3）第 1 行相当于越小越优型指标，$a_{ih}<b_{ih}$；式（3.3）第 2 行相当于越大越优型指标，$a_{ih}>b_{ih}$。

在每个指标 i、每个级别 h 的指标标准区间范围内，必存在一点 y_{ih}，使 y_{ih} 对于级别 h 的相对隶属度等于 1，y_{ih} 定义为指标 i、级别 h 的指标标准值，将海水水质评价指标标准区间矩阵 Y_1 转化成多指标标准特征值矩阵 Y_2：

$$Y_2 = \begin{bmatrix} y_{11} & y_{12} & \cdots & y_{1c} \\ y_{21} & y_{22} & \cdots & y_{2c} \\ \vdots & \vdots & & \vdots \\ y_{m1} & y_{m2} & \cdots & y_{mc} \end{bmatrix} = (y_{ih})_{m \times c}, \quad i=1,2,\cdots,m;\ h=1,2,\cdots,c \quad (3.4)$$

y_{ih} 的确定是基于可变模糊集理论的海水水质评价模型建立的重点和难点，以往 y_{ih} 主要根据 Chen（2005）结合待评对象指标对各等级优劣的隶属程度来确定，本节根据海水水质综合评价的具体应用，经过反复验证，提出 y_{ih} 的计算公式：

$$\begin{cases} h=1 \text{ 时，} y_{i1}=0 \text{（对越小越优型指标）或} y_{i1}=x_{\max} \text{（对越大越优型指标）} \\ h=2,3,\cdots,(c-1) \text{时，} y_{ih}=\dfrac{c-h}{c-1}a_{ih}+\dfrac{h-1}{c-1}b_{ih} \\ h=c \text{ 时，} y_{ic}=b_{i(c-1)}+p \text{（对越小越优型指标）或} y_{ic}=0 \text{（对越大越优型指标）} \end{cases} \quad (3.5)$$

式中，p 为 $b_{i(c-1)}-a_{i(c-1)}$，即对 $b_{i(c-1)}$ 进行等区间扩展。

3. 计算评价样本 u 指标特征值的单指标级别隶属度

根据对立统一定理，级别 h 与级别 $(h+1)$ 构成对立模糊概念，

$$\mu_{ih}(u) + \mu_{i(h+1)}(u) = 1 \quad (3.6)$$

式中，$\mu_{ih}(u)$、$\mu_{i(h+1)}(u)$ 分别为待评对象 u 指标 i 对级别 h 与级别 $(h+1)$ 的相对隶属度。

设待评对象 u 指标 i 的特征值 x_i 落入 $[y_{ih}, y_{i(h+1)}]$ 内，则 x_i 对级别 h 的相对隶属度为

$$\mu_{ih}(u) = \frac{y_{i(h+1)} - x_i}{y_{i(h+1)} - y_{ih}}, \quad h=1,2,\cdots,c-1 \quad (3.7)$$

4. 计算待评对象 u 对级别 h 的综合相对隶属度

设 p_i 是指标 i 对于级别 h 位于 p_1 与 p_r 之间的一点，则 p_i 与 p_1、p_r 两端的多指标广义权距离为

$$d_h(p_1, p_i) = \left(\sum_{i=1}^{m} \left\{ w_i \left[1 - \mu_{ih}(u) \right] \right\}^p \right)^{\frac{1}{p}} \tag{3.8}$$

式中，w_i 为指标 i 的权重。

$$d_h(p_i, p_r) = \left(\sum_{i=1}^{m} \left\{ w_i [1 - \mu_{i(h+1)}(u)] \right\}^p \right)^{\frac{1}{p}} = \left\{ \sum_{i=1}^{m} [w_i \mu_{ih}(u)]^p \right\}^{\frac{1}{p}} \tag{3.9}$$

则待评对象 u 对级别 h 的多指标综合相对隶属度 $v_h(u)$ 为

$$v_h(u) = \cfrac{1}{1 + \left[\cfrac{d_h(p_1, p_i)}{d_h(p_i, p_r)} \right]^\alpha} \tag{3.10}$$

式（3.8）～式（3.10）中，p 为距离参数，$p=1$ 为海明距离，$p=2$ 为欧氏距离；α 为优化准则参数，$\alpha=1$ 相当于最小一乘方，$\alpha=2$ 相当于最小二乘方。α 和 p 可有以下 4 种组合形式。

（1）当 $\alpha=1$、$p=1$ 时，模型为模糊综合评价模型：

$$_1v_h(u) = \sum_{i=1}^{m} w_i \mu_{ih}(u) \tag{3.11}$$

（2）当 $\alpha=1$、$p=2$ 时，模型为 TOPSIS 理想点模型：

$$_2v_h(u) = \cfrac{1}{1 + \sqrt{\cfrac{\sum_{i=1}^{m} \left\{ w_i [1 - \mu_{ih}(u)] \right\}^2}{\sum_{i=1}^{m} [w_i \mu_{ih}(u)]^2}}} \tag{3.12}$$

（3）当 $\alpha=2$、$p=1$ 时，模型为神经元激励函数模型：

$$_3v_h(u) = \cfrac{1}{1+\left[\cfrac{1-\sum\limits_{i=1}^{m}w_i\mu_{ih}(u)}{\sum\limits_{i=1}^{m}w_i\mu_{ih}(u)}\right]^2} \qquad (3.13)$$

根据式（3.11），式（3.13）变换为

$$_3v_h(u) = \cfrac{1}{1+\left[\cfrac{1-{}_1v_h(u)}{{}_1v_h(u)}\right]^2} \qquad (3.14)$$

式（3.14）为 $_3v_h(u)$ 与 $_1v_h(u)$ 的联系式，它是 $_1v_h(u)$ 的二次函数。

（4）当 $\alpha=2$、$p=2$ 时，模型为模糊优选模型：

$$_4v_h(u) = \cfrac{1}{1+\cfrac{\sum\limits_{i=1}^{m}\left\{w_i\left[1-\mu_{ih}(u)\right]\right\}^2}{\sum\limits_{i=1}^{m}\left[w_i\mu_{ih}(u)\right]^2}} \qquad (3.15)$$

式（3.10）是可变模糊集理论中十分重要的可变模型，式（3.11）表现为线性相关，式（3.12）、式（3.13）、式（3.15）表现为非线性相关。其中式（3.15）为式（3.12）的二次函数，因此其收敛或夸张的作用更为剧烈，表现为强非线性相关。在实际工作中，根据评价对象的特点，选择合适的评价模型：当评价对象间表现为弱非线性相关时，采用式（3.11）；表现为一般非线性相关时，采用式（3.12）或式（3.13）；表现为强非线性相关时，采用式（3.15）；当非线性程度难以确定时，采用式（3.11）～式（3.13）、式（3.15）的平均值。

5. 计算待评对象 u 的级别特征值

在模糊概念分级条件下，用最大隶属原则对级别归属进行识别，容易导致最后评价结果的错判，因此本节应用陈守煜等（2005）提出的级别特征值公式，充分表达 h 与 $v_h(u)$ 分布的整体特征，将级别变量 h 隶属于各等级的相对隶属度信息作为可变模糊集理论判断、识别、决策的依据。级别特征值公式如下：

$$H(u) = \sum_{h=1}^{c} v_h(u) \cdot h \qquad (3.16)$$

式中，$H(u)$ 为待评对象 u 的级别特征值。

再根据 $H(u)$ 最终判定海水水质综合评价级别，具体判断准则见表 3.1。

表 3.1　海水水质等级判断准则

$H(u)$	等级	$H(u)$	等级
(0.75,1.25]	I 类	(3.25,3.5]	III与IV类间，偏III类
(1.25,1.5]	I 与 II 类间，偏 I 类	(3.5,3.75]	III与IV类间，偏IV类
(1.5,1.75]	I 与 II 类间，偏 II 类	(3.75,4.25]	IV 类
(1.75,2.25]	II 类	(4.25,4.5]	IV与劣IV类间，偏IV类
(2.25,2.5]	II 与 III 类间，偏 II 类	(4.5,4.75]	IV与劣IV类间，偏劣IV类
(2.5,2.75]	II 与 III 类间，偏 III 类	(4.75,5]	劣IV类
(2.75,3.25]	III类		

3.3.3　基于可变模糊集理论的海水水质评价模型验证

参照《海水水质标准》（GB 3097—1997），这里仅列出化学需氧量、溶解氧、无机氮、活性磷酸盐、石油类 5 个项目的海水水质评价指标标准值（表 3.2）。

表 3.2　海水水质评价指标标准值　　（单位：mg/L）

指标	标准值				
	I 类	II 类	III类	IV类	劣IV类
化学需氧量	[0,2]	(2,3]	(3,4]	(4,5]	(5,∞)
溶解氧	(6,∞)	(5,6]	(4,5]	(3,4]	[0,3]
无机氮	[0,2]	(0.2,0.3]	(0.3,0.4]	(0.4,0.5]	(0.5,∞)
活性磷酸盐（以 P 计）	[0,0.015]	(0.015,0.030]	(0.015,0.030]	(0.030,0.045]	(0.045,∞)
石油类	[0,0.05]	[0,0.05]	(0.05,0.30]	(0.30,0.50]	(0.5,∞)

根据表 3.2，用如下方法随机生成由 54 个样本点组成的评价标准样本系列：

（1）5 个海水水质等级 I 类、II 类、III 类、IV 类和劣 IV 类分别对应海水水质等级的标准值 1、2、3、4 和 5。

（2）构造各等级各指标标准值变化区间。对劣 IV 类海水，取各指标标准值变化区间右端点值为其左端点值的 2 倍。因此劣 IV 类海水各指标标准值变化区间为：化学耗氧量(5,10]、无机氮(0.5,1]、活性磷酸盐(0.045,0.09]、石油类(0.5,1]、溶解氧[0,6]。对 I 类海水，各指标标准值变化区间为：化学耗氧量[0,2]、溶解氧(0,6]、无机氮(0,0.2]、活性磷酸盐(0,0.015]、石油类(0,0.05]。II 类、III 类、IV 类海水分别取其对应海水水质等级的指标标准值与前一级别指标标准值构建各指标标准值变化区间，这样各等级水质指标标准值都有一个变化区间。经实际验证，变化取值范围不影响评价结果。

（3）根据《海水水质标准》（GB 3097—1997），在各指标等级变化区间范围内，随机产生 10 个指标标准值。

（4）为充分反映表 3.2 中各指标边界值的意义，各指标边界值取两次，海水水质等级标准值取与该边界值有关的两个海水水质等级标准值的算数平均值，如表 3.3 所示。

为了便于比较，各指标的权重取等权重，即均为 0.2，利用所建立的基于可变模糊集理论的海水水质评价模型计算海水水质等级并将结果列入表 3.3。

表 3.3　海水水质等级的标准值和 VFEM 计算值的对比结果

| 序号 | 指标 | | | | | 海水水质等级 | |
	化学需氧量 /(mg/L)	溶解氧 /(mg/L)	无机氮 /(mg/L)	活性磷酸盐 /(mg/L)	石油类 /(mg/L)	标准值	VFEM 计算值
1	0.235	8.276	0.082	0.004	0.012	1	1.04
2	1.589	9.923	0.025	0.006	0.015	1	1.08
3	0.692	7.123	0.033	0.011	0.021	1	1.19
4	1.542	10.052	0.061	0.006	0.016	1	1.08
5	1.697	8.610	0.106	0.002	0.015	1	1.11
6	0.074	7.585	0.038	0.012	0.017	1	1.15

续表

| 序号 | 指标 | | | | | 海水水质等级 | |
	化学耗氧量 /(mg/L)	溶解氧 /(mg/L)	无机氮 /(mg/L)	活性磷酸盐 /(mg/L)	石油类 /(mg/L)	标准值	VFEM 计算值
7	0.896	11.279	0.055	0.011	0.020	1	1.09
8	0.135	8.169	0.069	0.007	0.011	1	1.04
9	1.344	6.895	0.107	0.008	0.015	1	1.16
10	1.458	9.368	0.038	0.013	0.021	1	1.18
11	2.000	6.000	0.200	0.015	0.025	1.5	1.73
12	2.494	5.458	0.261	0.021	0.029	2	2.01
13	2.125	5.425	0.277	0.016	0.036	2	1.98
14	2.398	5.197	0.206	0.018	0.042	2	1.99
15	2.058	5.021	0.286	0.019	0.032	2	2.06
16	2.992	5.001	0.219	0.019	0.048	2	2.14
17	2.488	5.006	0.234	0.021	0.028	2	2.05
18	2.566	5.411	0.279	0.017	0.028	2	1.98
19	2.459	5.946	0.260	0.018	0.032	2	1.96
20	2.559	5.234	0.272	0.020	0.041	2	2.10
21	2.486	5.117	0.265	0.019	0.045	2	2.09
22	3.000	5.000	0.300	0.0225	0.050	2.5	2.39
23	3.255	4.223	0.382	0.028	0.261	3	3.12
24	3.356	4.156	0.344	0.025	0.135	3	2.97
25	3.427	4.272	0.325	0.023	0.113	3	2.85
26	3.338	4.722	0.355	0.025	0.186	3	2.94
27	3.647	4.661	0.315	0.029	0.145	3	2.95
28	3.598	4.978	0.375	0.027	0.242	3	3.01
29	3.458	4.255	0.376	0.024	0.281	3	3.09
30	3.397	4.233	0.356	0.029	0.136	3	3.02

续表

序号	指标					海水水质等级	
	化学耗氧量 /(mg/L)	溶解氧 /(mg/L)	无机氮 /(mg/L)	活性磷酸盐 /(mg/L)	石油类 /(mg/L)	标准值	VFEM 计算值
31	3.525	4.115	0.330	0.027	0.248	3	3.08
32	3.255	4.983	0.362	0.026	0.274	3	2.97
33	4.000	4.000	0.400	0.030	0.300	3.5	3.47
34	4.856	3.222	0.424	0.031	0.458	4	3.92
35	4.159	3.156	0.458	0.037	0.422	4	3.97
36	4.256	3.948	0.455	0.042	0.354	4	3.89
37	4.128	3.447	0.475	0.043	0.359	4	3.96
38	4.239	3.250	0.440	0.033	0.378	4	3.90
39	4.215	3.019	0.435	0.034	0.344	4	3.90
40	4.961	3.965	0.412	0.043	0.444	4	3.93
41	4.057	3.948	0.472	0.032	0.425	4	3.79
42	4.265	3.224	0.495	0.044	0.483	4	4.05
43	4.158	3.216	0.417	0.038	0.458	4	3.94
44	5.000	3.000	0.500	0.045	0.500	4.5	4.15
45	5.127	2.447	0.591	0.085	0.856	5	4.67
46	6.001	2.137	0.631	0.065	0.555	5	4.68
47	7.463	1.068	0.999	0.069	0.681	5	4.97
48	5.938	0.543	0.552	0.065	0.752	5	4.79
49	9.730	0.003	0.584	0.081	0.842	5	4.90
50	5.112	2.105	0.723	0.061	0.852	5	4.76
51	5.031	1.016	0.610	0.056	0.687	5	4.66
52	9.230	1.930	0.556	0.081	0.568	5	4.77
53	8.142	2.003	0.671	0.065	0.823	5	4.92
54	5.220	0.010	0.803	0.081	0.945	5	4.85

表 3.4 列出了该样本系列海水水质等级的标准值与各评价方法计算值的对比分析，基于可变模糊集理论的海水水质评价模型相比其他方法更为准确，收敛性较好，具有令人满意的精度，尤其在 $\alpha=2$、$p=1$ 时，基于可变模糊集理论的海水水质评价模型精度最高，更适合于多指标、多级别、非线性海域环境质量综合评价。

表 3.4　海水水质等级的标准值与各评价方法计算值的对比分析

评价方法		误差绝对值（级）落在下列区间的百分比/%						平均绝对误差/级	平均相对误差/%
		[0,0.1]	[0,0.2]	[0,0.3]	[0,0.4]	[0,0.5]	[0,0.6]		
BP 人工神经网络法		36.41	67.81	78.89	89.46	92.12	100.00	0.31	9.18
模糊综合评价法		35.67	69.79	83.67	91.27	95.19	100.00	0.26	6.51
集对分析法		45.67	71.56	88.38	94.12	98.29	100.00	0.18	3.74
VFEM	$a=1$、$p=1$	44.44	79.63	94.44	100.00	100.00	100.00	0.13	3.07
	$a=1$、$p=2$	38.89	72.22	88.89	96.30	100.00	100.00	0.15	3.71
	$a=2$、$p=1$	81.48	90.74	96.30	98.15	100.00	100.00	0.06	1.30
	$a=2$、$p=2$	70.37	88.89	94.44	98.15	100.00	100.00	0.09	1.87

3.3.4　基于可变模糊集理论的海水水质评价模型应用

本章使用了 2012 年 11 月锦州湾 20 个监测站位的水质监测数据，各监测站位坐标见表 3.5，各监测站位海水水质调查结果见表 3.6。

表 3.5　监测站位坐标

站号	纬度	经度	站号	纬度	经度
1	40°48′57.76″N	120°59′11.14″E	11	40°45′8.72″N	121°3′33.57″E
2	40°48′11.43″N	120°58′44.35″E	12	40°45′11.49″N	121°1′46.94″E
3	40°48′17.39″N	120°59′57.07″E	13	40°45′14.24″N	120°59′55.03″E
4	40°47′40.32″N	120°59′56.63″E	14	40°43′54.23″N	121°1′48.01″E
5	40°47′37.18″N	121°1′32.94″E	15	40°43′50.62″N	121°3′54.46″E
6	40°46′33.33″N	120°59′52.60″E	16	40°43′50.60″N	121°5′44.93″E
7	40°46′30.93″N	121°1′33.47″E	17	40°42′26.20″N	121°6′8.05″E
8	40°46′31.33″N	121°3′16.80″E	18	40°42′26.22″N	121°4′46.11″E
9	40°46′28.17″N	121°4′59.69″E	19	40°42′28.94″N	121°3′27.74″E
10	40°45′5.92″N	121°5′21.60″E	20	40°42′29.87″N	121°2′1.29″E

表3.6　2012年11月锦州湾海水水质调查结果

站号	温度/℃	化学需氧量/(mg/L)	溶解氧/(mg/L)	pH	悬浮物/(μg/L)	石油类/(μg/L)	活性磷酸盐/(μg/L)	无机氮/(μg/L)	Cu/(μg/L)	Pb/(μg/L)	Zn/(μg/L)	Cd/(μg/L)	Cr/(μg/L)	As/(μg/L)	Hg/(μg/L)
1	6.7	1.44	6.99	8.36	9.7	10.9	7.29	580	1.2	1.4	4.9	0.2	1.85	0.88	0.009
2	6.16	1.38	7.23	8.39	5.3	10.8	6.8	651.1	1.9	1.6	7.8	0.2	1.79	0.93	0.01
3	7.53	1.4	8.02	8.41	5.7	10.8	8.77	574.7	1.8	1.2	8.9	0.2	1.8	0.9	0.01
4	8.21	1.06	6.19	8.48	16.7	9.89	7.78	468.2	1.8	1.4	5.2	0.1	1.52	1.13	0.014
5	8.32	1.3	7.46	8.41	17	9.27	6.8	474.3	1.8	1.4	13.5	0.2	1.88	1.03	0.012
6	7.7	1.53	6.97	8.44	28.3	19.1	7.29	547.9	1.5	1.4	2.8	0.2	1.33	1.36	0.017
7	8.56	1.29	6.67	8.4	39	9.73	7.29	452.5	5.3	4.9	6.3	0.4	1.79	0.68	0.008
8	9.5	1.34	7.9	8.55	52.3	9.77	7.78	506.2	3.2	4.8	10.2	0.3	1.64	1.28	0.009
9	8.78	1.28	7.9	8.51	32.3	10.3	7.29	516	4.6	5.8	5.6	0.7	1.73	1	0.01
10	9.37	1.32	6.92	8.54	24.3	11	6.31	504.3	1.3	1.1	3.5	0.2	1.6	1.1	0.013
11	9.88	1.32	6.78	8.58	35.3	8.99	7.29	455.5	0.4	1.5	20.1	0.1	1.53	0.82	0.01
12	9.32	1.16	6.98	8.45	24	12.3	7.29	506.3	1.9	0.8	12.3	0.1	1.58	1.38	0.012
13	9.1	1.24	7.23	8.55	33.3	9.54	7.29	498.2	1.6	5.8	23.2	0.2	1.83	1.11	0.011
14	9.29	1.38	6.96	8.49	25.3	8.64	6.8	429.8	1.2	0.6	3.5	0.2	1.74	1.26	0.015
15	8.6	1.26	6.92	8.6	36.3	8.61	6.8	404.8	1.8	1.6	8.9	0.4	1.69	1.38	0.012
16	8.59	1.54	7.35	8.59	27.3	8.23	6.31	413.4	1	1.3	4.5	0.2	1.4	1.17	0.013
17	8.65	1.2	6.96	8.65	34.3	9.89	6.8	435.8	1.1	1.3	16.8	0.2	1.56	1.06	0.01
18	8.59	1.16	7.2	8.59	28.3	7.41	7.29	464.6	1.8	1.3	4.6	0.2	1.44	1.04	0.018
19	8.57	1.32	7.08	8.57	33.7	11.4	7.78	435.4	1.2	1.3	5.9	0.2	1.78	1.23	0.017
20	8.51	1.35	6.38	8.51	18	41.2	6.8	378.2	1.4	3.55	18.51	0.3	1.75	5.37	0.012

1. 评价指标与分级标准

结合锦州湾海水观测数据的分析，以及近年来锦州湾海水环境状况的研究（张玉凤等，2011；范文宏等，2006），主要评价因子选择化学需氧量、溶解氧、无机氮、活性磷酸盐、石油类、Zn、Pb、Cd。水质标准采用《海水水质标准》（GB 3097—1997）（表 3.7），超过Ⅳ类的定为劣Ⅳ类海水。

表 3.7　海水水质评价指标标准值　　　　　（单位：mg/L）

指标	标准值				
	I 类	II 类	III类	IV类	劣IV类
化学需氧量	[0,2]	(2,3]	(3,4]	(4,5]	(5,∞)
溶解氧	(6,∞)	(5,6]	(4,5]	(3,4]	[0,3]
无机氮	(0,0.2]	(0.2,0.3]	(0.3,0.4]	(0.4,0.5]	(0.5,∞)
活性磷酸盐(以 P 计)	[0,0.015]	(0.015,0.030]	(0.015,0.030]	(0.030,0.045]	(0.045,∞)
石油类	[0,0.05]	[0,0.05]	(0.05,0.30]	(0.30,0.50]	(0.50,∞)
Zn	[0,0.020]	(0.020,0.050]	(0.050,0.1]	(0.1,0.5]	(0.50,∞)
Pb	[0,0.001]	(0.001,0.005]	(0.005,0.010]	(0.010,0.050]	(0.050,∞)
Cd	[0,0.001]	(0.001,0.005]	(0.005,0.010]	(0.005,0.010]	(0.010,∞)

2. 锦州湾海水水质综合评价

根据表 3.6 建立锦州湾海水水质评价样本数据集 X 为

$$X = \begin{bmatrix} 1.44 & 6.99 & 580 & 7.29 & 10.9 & 4.9 & 1.4 & 0.2 \\ 1.38 & 7.23 & 651.1 & 6.8 & 10.8 & 7.8 & 1.6 & 0.2 \\ \vdots & \vdots & \vdots & \vdots & \vdots & \vdots & \vdots & \vdots \\ 1.32 & 7.08 & 435.4 & 7.78 & 11.4 & 5.9 & 1.3 & 0.2 \\ 1.35 & 6.38 & 378.2 & 6.8 & 41.2 & 18.51 & 3.55 & 0.3 \end{bmatrix}$$

参照表 3.7 及锦州湾海水水质的实际情况，根据式（3.5）确定锦州湾海水水质综合评价指标标准值矩阵 Y 为

$$Y = \begin{bmatrix} 0 & 2.25 & 3.5 & 4.75 & 6 \\ 8 & 5.75 & 4.5 & 3.25 & 0 \\ 0 & 0.225 & 0.35 & 0.475 & 0.6 \\ 0 & 0.016875 & 0.02625 & 0.04125 & 0.06 \\ 0 & 31.25 & 175 & 450 & 700 \\ 0 & 27.5 & 75 & 400 & 900 \\ 0 & 2 & 7.5 & 40 & 90 \\ 0 & 2 & 6.25 & 9.375 & 15 \end{bmatrix}$$

采用考虑权重折中系数的方法确定 8 项评价指标权重向量（王本德等，2004），以专家确定的经验权重 $P = (p_1, p_2, \cdots, p_m)$ 对数学权重进行修正，即综合权重 $w = [(1-a)q_i + ap_i]$，a 为权重折中系数，$0 \leq a \leq 1$。$P = (p_1, p_2, \cdots, p_m)$，为经验权重，满足 $\sum\limits_{i=1}^{m} p_i = 1$，$p_i \geq 0$，应用陈守煜（2005）提出的指标重要性排序一致性定理及其语气算子与相对隶属度关系表确定；$Q = (q_1, q_2, \cdots, q_m)$，为数学权重，满足 $\sum\limits_{i=1}^{m} q_i = 1$，$0 \leq q_i \leq 1$，由样本的属性值求出，采用周惠成等（2007）提出的改进熵权法确定；根据王本德等（2004）的研究，$v_h(u)$、a、q_m 构成模糊循环迭代模型，给定初始 $v_h(u) = 0$、$a = 0.5$、$q_m = 10^{-3}$，经过循环迭代计算得到权重折中系数 $a = 0.39$，由此得到化学需氧量、溶解氧、无机氮、活性磷酸盐、石油类、Zn、Pb、Cd 的指标权重分别为 0.1181、0.1132、0.1578、0.1271、0.1208、0.1206、0.1310、0.1114。

采用式（3.10）计算锦州湾海水水质评价对象 X 对级别 h 的综合相对隶属度，当选定模型参数 $\alpha = 1$、$p = 1$ 时，x_1（1 号监测站位水质评价样本）对各海水水质等级的综合相对隶属度归一化向量为 (0.4944, 0.3478, 0, 0.0252, 0.1326)。

应用式（3.11）及式（3.16）计算，当 $\alpha = 1$、$p = 1$ 时，x_1 的级别特征值为 $H(u) = 1.95$，同理可得 x_i（$i = 2, 3, \cdots, 20$）的级别特征值，当 $\alpha = 1$、$p = 1$，$\alpha = 1$、$p = 2$，$\alpha = 2$、$p = 1$，$\alpha = 2$、$p = 2$ 时各样本的级别特征值见表 3.8（表 3.8 中的评价等级采用 4 种模型评价结果的平均值）。

表 3.8　2012 年 11 月锦州湾海水水质综合评价结果

站号	VFEM							模糊综合评价法
	$\alpha=1$ $p=1$	$\alpha=1$ $p=2$	$\alpha=2$ $p=1$	$\alpha=2$ $p=2$	稳定范围	平均值	评价等级	
1	1.95	2.25	1.83	2.00	1.83～2.25	2.01	II类	II类
2	1.99	2.24	1.96	2.17	1.96～2.24	2.09	II类	II类
3	1.91	2.23	1.87	1.91	1.87～2.23	1.98	II类	II类
4	1.83	2.16	1.81	1.92	1.81～2.16	1.93	II类	II类
5	1.82	2.16	1.78	1.93	1.78～2.16	1.92	II类	II类
6	1.94	2.23	1.82	1.86	1.82～2.23	1.96	II类	II类
7	1.92	2.26	2.02	1.95	1.92～2.26	2.04	II类	II类

续表

站号	VFEM							模糊综合评价法
	$\alpha=1$ $p=1$	$\alpha=1$ $p=2$	$\alpha=2$ $p=1$	$\alpha=2$ $p=2$	稳定范围	平均值	评价等级	
8	1.94	2.22	1.91	1.86	1.86~2.22	1.98	Ⅱ类	Ⅱ类
9	1.98	2.27	1.89	1.87	1.87~2.27	2.00	Ⅱ类	Ⅱ类
10	1.83	2.28	1.77	1.75	1.75~2.28	1.91	Ⅱ类	Ⅱ类
11	1.86	2.19	1.90	1.93	1.86~2.19	1.97	Ⅱ类	Ⅱ类
12	1.84	2.10	1.79	1.75	1.75~2.10	1.87	Ⅱ类	Ⅱ类
13	2.03	2.25	1.95	2.05	1.95~2.25	2.07	Ⅱ类	Ⅱ类
14	1.69	1.88	1.71	1.67	1.67~1.88	1.74	Ⅰ与Ⅱ类间偏Ⅱ类	Ⅱ类
15	1.76	2.08	1.71	1.68	1.68~2.08	1.81	Ⅱ类	Ⅱ类
16	1.70	2.07	1.63	1.59	1.59~2.07	1.75	Ⅱ类	Ⅱ类
17	1.80	2.14	1.79	1.77	1.77~2.14	1.88	Ⅱ类	Ⅱ类
18	1.76	2.13	1.79	1.80	1.76~2.13	1.87	Ⅱ类	Ⅱ类
19	1.76	2.12	1.76	1.71	1.71~2.12	1.84	Ⅱ类	Ⅱ类
20	1.95	2.12	1.86	1.97	1.86~2.12	1.98	Ⅱ类	Ⅱ类

从表 3.8 可以看出，运用基于可变模糊集理论的海水水质评价模型对锦州湾海水水质进行评价，其结果与模糊综合评价法结果基本一致，基于可变模糊集理论的海水水质评价模型随着 α 与 p 模型参数的变化，4 种模型计算的各监测站位水质级别基本稳定在一个较小的范围，最后将级别平均值作为采样点的评价等级，评价结果较为可信，仅 14 号监测站位水质评价样本的评价等级与模糊综合评价法略有出入，现就 14 号监测站位的水质评价样本的评价情况进行分析。

对于 14 号监测站位的水质评价样本，基于可变模糊集理论的海水水质评价模型评价为Ⅰ与Ⅱ类间偏Ⅱ类，而模糊综合评价法评价为Ⅱ类。分析 14 号监测站位水质评价样本各指标含量分布情况，其化学需氧量、溶解氧、活性磷酸盐、Pb、Zn、Cd 监测值分别为 1.38mg/L、6.96mg/L、6.8μg/L、0.6μg/L、3.5μg/L、0.2μg/L，均处于Ⅰ类海水范围之内；而石油类监测值为 8.64μg/L，处于Ⅰ类与Ⅱ类海水范围之间；无机氮监测值为 429.8μg/L，处于Ⅳ类海水范围之内。分析锦州湾海水水质的实际情况，各指标对锦州湾海水水质的影响程度不同，化学需氧量、溶解氧、活性磷酸盐、Pb、Zn、Cd 的指标权重分别为 0.1181、0.1132、0.1271、0.1310、0.1206、0.1114，这样处于 I 类海水范围之内的指标权重之和为 0.7214，石油类指标影响权重为 0.1208，无机氮影响权重为 0.1578，模糊综合评价法根据各水质级别的隶属度(0.4490,0.5027,0.0427,0.0056,0)，确定其综合等级为 II 类海水，而当 $\alpha=1$、$p=1$，$\alpha=1$、$p=2$，$\alpha=2$、$p=1$，$\alpha=2$、$p=2$ 时基于可变模糊集理论的海水水质评价模型确定其级别特征值分别为 1.69、1.88、1.71、1.67，级别特征值基本稳定在一个较小的范围内，取其平均值 1.74 为最后水质级别值，评价等级为 I 与 II 类间偏 II 类，因此与模糊综合评价法的结果相比，基于可变模糊集理论的海水水质评价模型的评价结果更为可信，更符合 14 号监测站位的实际情况，评价结果较为合理。

　　分析表 3.8 中模糊综合评价法与基于可变模糊集理论的海水水质评价模型结果出现偏差的原因，模糊综合评价法常常依据最大隶属度原则进行水质等级的判定与分区，这样在过渡水质的级别归属问题上 [如 14 号监测站位水质评价样本对各水质级别的隶属度为(0.4490,0.5027,0.0427,0.0056,0)]，势必会丢失大量有用信息，直接影响评价与分区结果的客观性，导致最后结果的错判。另外，模糊综合评价法按照海水水质分级标准进行隶属度的求取，小于某一阈值的评价因子往往被定为一个级别，这样常常导致同一级别范围内水质的优劣差异体现不出来，而基于可变模糊集理论的海水水质评价模型以级别特征值评价结果反映海水水质污染程度的实际情况，级别特征值即是各采样点水质等级的描述，能够区分各监测站位水质情况的优劣，对监测站位的水质级别有更详细的定位。

　　上文将基于可变模糊集理论的海水水质评价模型应用于海洋水质环境综合评价中，该模型通过 α 与 p 模型参数变化，将 4 种模型计算结果的平均值作为海洋水质环境的最后评价结果，从而确定水质评价等级，相比传统的海洋水质环境评价方法，评价结果较为可信。同时，基于可变模糊集理论的海水水质评价模型能够通过级别特征值详细区分各监测站位的水质优劣，为改进和完善海洋环境评价方法提供了新的思路和方法。

3.4　基于 ArcEngine 的海水水质可变模糊评价系统的设计、实现及应用

为了进行监测评价数据管理、评价信息输出、表现水环境污染的时空分布态势等，各类数据库管理系统、GIS 开始在环境监测评价领域应用，对提高环境水质污染监测评价能力起到了重要作用。本章利用 ArcEngine 集成开发技术，探索海水水质可变模糊评价 GIS 的设计与实现，实现海水水质空间分布状况的实时动态显示，提高海水水质等级评价的可信度与可视化水平，为环境规划及污染控制提供技术支持。

3.4.1　系统的设计

1. 系统的总体结构

系统采用 ArcGIS 标准的多源空间数据库和相关属性数据库，通过 ArcSDE 数据引擎和专用开发数据接口访问 SQL Server 中的海水水质评价数据库，采用 ArcEngine 集成开发技术，在 Visual C# 2010 开发环境下，将可变模糊数学模型与 GIS 空间分析手段集成，建立基于 ArcEngine 的海水水质可变模糊评价系统。

系统的总体设计目标是实现对海水水质空间信息和属性信息的一体化与可视化管理，能够进行海水水质评价及制作海水水质评价专题图、评价结果报表输出等，实现 GIS 支持下的海水水质评价结果的可视化表达。系统从结构功能上由 4 大模块组成：数据输入与管理模块、GIS 数据查询与选择编辑模块、海水水质可变模糊评价模块、制图与输出模块。该系统的总体结构如图 3.14 所示。

2. 系统的基本功能

数据输入与管理模块主要是实现基于数据库数据的输入、查询、编辑、删除等功能。这些数据主要包括基础地理数据（矢量空间数据）、水质监测数据（*.xls、*.DBF）两类。

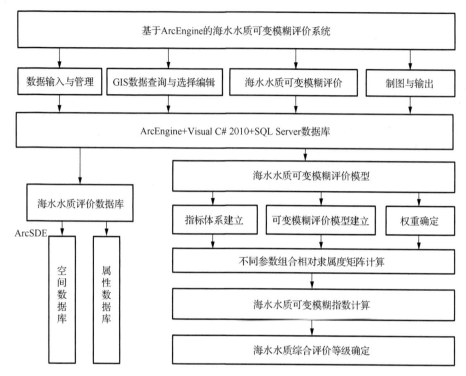

图 3.14　基于 ArcEngine 的海水水质可变模糊评价系统的总体结构

GIS 数据查询与选择编辑模块主要是实现基本的 GIS 功能，包括地图放大、缩小，地图数据量测，基于 GIS 的属性和位置查询，GIS 数据编辑与修改等，其查询和选择功能包括根据属性选择、根据位置选择、根据属性查询、根据位置查询等。

海水水质可变模糊评价模块是系统的核心，主要通过人机交互方式，实现基于可变模糊模型的海水水质综合评价。该模块包括评价指标体系管理、评价指标标准值管理、可变模糊评价模型管理及评价结果显示四个部分。评价指标体系管理根据用户输入的评价指标及相应的指标值进行相关性分析，并结合人机交互模式，选取有代表性的评价指标。指标标准值管理参照《海水水质标准》（GB 3097—1997），根据用户确定的评价指标体系，将海水水质标准数据库中的相关数据调入评价系统，确定海水水质可变模糊评价指标的评价等级划分及各等级的标准值。可变模糊评价模型管理部分以源程序和可执行程序实现可变模糊综合评价方法，能够为系统提供海水水质可变模糊综合分析模型及计算方法。评价结果显示，根据参数

α、p 变化情况计算海水水质综合级别特征值，生成海水水质综合评价图，快速、直观反映水质随时间的变化情况。

制图与输出模块的基本功能是制作及打印输出各类海水水质要素平面分布图、模糊评价结果专题图等，包括单一符号图、渐变符号图、渐变色分级图、柱状图及饼状图。

系统的功能结构见图 3.15。

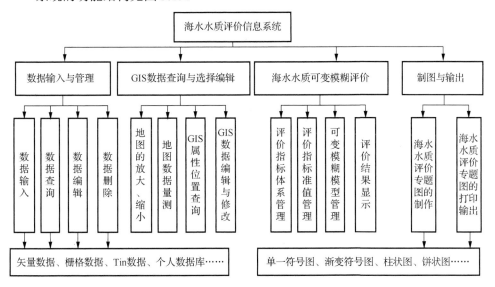

图 3.15 基于 ArcEngine 的海水水质可变模糊评价系统的功能结构图

3. 系统开发的关键技术

GIS 的二次开发有多种实现方式，其中组件式二次开发使 GIS 应用开发者不必掌握额外的 GIS 开发语言，只需熟悉基于 Windows 平台的通用集成开发环境，以及 GIS 各个控件的属性、方法和事件，就可以完成应用系统的开发和集成。

该系统从功能需求、成本和先进性等方面考虑，利用 ArcGIS Engine 作为系统 GIS 组件，结合 C#，在 Visual C# 2010 的平台下建立基于 GIS 的海水水质环境可变模糊评价系统。C#是一种面向对象的编程语言，它使得程序员可以快速地编写各种基于 Microsoft.NET 平台的应用程序，使开发者用更少的代码做更多的事，同时不易出错（靳玉峰，2009）。

ArcGIS Engine 是 ESRI 在 ArcGIS 基础上推出的用于构建定制应用的完整嵌

入式 GIS 组件库，支持多种开发语言，包括 COM、.NET 框架、Java 和 C++，能够运行在 Windows、Linux 和 Solaris 等平台上（邓宗成等，2011）。通过使用 ArcGIS Engine，开发人员不依赖于 ArcGIS Desktop 就能够创建新的应用程序，或者在自定义的软件应用中扩展 GIS 的功能，把 GIS 嵌入其他应用程序之中，如在 Microsoft Word 或 Excel 中，为用户提供针对 GIS 解决方案的定制应用。

3.4.2 系统的实现

3.4.2.1 数据库

1. 空间数据库

系统采用 ArcSDE 作为空间数据库引擎，以实现空间数据和视图的无缝集成。空间数据库采用 ArcSDE 管理，根据 ArcSDE 的空间数据存储方案，将海水水质采样点采用 Shapefile 格式存储为点状图层。

2. 属性数据库

属性数据库是存储、分析、统计、查询、更新等的核心工具，为了使不同格式的属性数据管理起来更加灵活，可分别通过 GeoDatabase 及 SQL Server 管理不同格式的属性数据。系统在属性数据库中建立存有样点 ID 及各待分析元素含量等属性信息的属性表，在属性表中设置样点 ID 为主键，通过主键与空间数据库进行连接。

3. 指标数据库

指标数据作为海水水质分级的依据，存放于指标数据库中。根据《海水水质标准》（GB 3097—1997）在指标数据库中建立存有指标名称、运算符、Ⅰ类、Ⅱ类、Ⅲ类、Ⅳ类、劣Ⅳ类等指标信息的指标表，在指标表中设置指标名称为主键，在程序设计中通过主键与属性数据库进行关联。

4. 数据库访问

系统采用 GeoDatabase 数据模型管理空间数据和属性数据，采用 SQL Server 管理属性数据和指标数据。通过 ArcSDE 数据引擎访问 GeoDatabase，通过 Visual

C# 2010 中数据库访问类 SqlClient 访问 SQL Server，最后空间数据、属性数据及指标数据通过内部关联码（样点 ID 和指标名称）进行关联，如图 3.16 所示，构成灵活的系统数据体系，这为可变模糊评价模块的执行提供了数据保证。

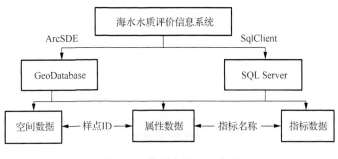

图 3.16　数据库访问示意图

3.4.2.2　数据输入与管理模块的设计与实现

数据输入与管理模块主要实现基于数据库的海水水质评价相关数据的输入、查询、编辑、删除及数据的备份等功能。数据输入包括 ShapeFile（*.shp）、栅格数据（*.img、*.tif、*.jpg、*.sid、*.bmp、*.grid、*.tiff）、Tin 数据、CAD 数据以及个人地理数据库（Personal GeoDatabase）等空间数据的输入转换及处理。数据查询使用 IQueryFilter 接口定义 qQueryFilter 对象，然后运用 swich 语句检查 ComboBox 控件中查询方法的被选状态，根据 SelectedIndex 确定被选方法，最后将 pQueryFilter 和所选方法 SelectMethod 传入 pFSelectin.SelectFeatures 方法中进行查询。

3.4.2.3　海水水质可变模糊评价模块的设计与实现

海水水质可变模糊评价根据海水采样样本点数据和《海水水质标准》（GB 3097—1997）建立样本特征值矩阵和指标标准值矩阵，再根据待评对象 u 指标 i 的特征值 x_i 落入级别 h 与级别$(h+1)$的标准值区间$[y_{ih}, y_{i(h+1)}]$，计算 x_i 对级别 h 相对隶属度，确定各评价指标的影响权重，运用式（3.11）～式（3.13）、式（3.15）、式（3.16）计算不同参数组合结果以及级别特征值，再求取 4 种组合的平均值，并四舍五入得到评价等级结果，通过 MessageBox 提示"分类结果已经完成"更新数据，在表中添加列名"$\alpha=1$，$p=1$""$\alpha=1$，$p=2$""$\alpha=2$，$p=1$""$\alpha=2$，$p=2$"

"分级结果"，然后运用 for 循环将每行的计算结果和评价结果导入表中并刷新，至此对数据的模糊评价计算完成并完成表的更新，得到每个采样点的分级级别值，然后运用 ArcEngine 中 IFeature 接口中的 set_Value 方法将分级结果添加到空间图层数据的属性表中，按照空间图层数据中的"分级结果"字段在系统中表现出不同海域海水水质的变化。其关键实现代码如下：

```
a = new float[point, 5];
b = new float[point, 5];
float wi = (float)1.0 / (stand - 1);
for (int i = 0; i < point; i++){
for (int j = 1; j < stand; j++){
for (int k = 0; k <= 4; k++){
b[i, k] += (float)(m[i, j, k] * wi); }}}
                    for (int i = 0; i < point; i++) {
                    for (int j = 0; j <= 4; j++){
 v1[i, j] = b[i, j] } };
                    for (int i = 0; i < point; i++){
vf1[i] = v1[i, 0] * 1 + v1[i, 1] * 2 + v1[i, 2] * 3 + v1[i, 3]
* 4 + v1[i, 4] * 5}};
for (int i = 0; i < point; i++){
float temp = (vf1[i] + vf2[i] + vf3[i] + vf4[i]) / 4; vfsum[i]
= Round(temp, 0) };
table1.Columns.Add("α=1,p=1");
table1.Columns.Add("α=1,p=2");
table1.Columns.Add("α=2,p=1");
table1.Columns.Add("α=2,p=2");
table1.Columns.Add("分级结果");
for (int i = 0; i < vfsum.Length; i++){
DataRow row = table1.Rows[i];
row["α=1,p=1"] = vf1[i];
row["α=1,p=2"] = vf2[i];
row["α=2,p=1"] = vf3[i];
row["α=2,p=2"] = vf4[i];
row["分级结果"] = vfsum[i];}
    dataGridView1.Refresh().
```

3.4.2.4　GIS 数据查询与选择编辑模块的设计与实现

GIS 数据查询与选择编辑模块主要实现基本的 GIS 功能，包括地图放大、缩小，地图数据量测，基于 GIS 的属性和位置查询，GIS 数据编辑与修改等。GIS 数据添加是通过 ArcGIS 控件实现的，首先通过 Icommand 接口实例化，运用 switch 语句检查当前视图版面，并把添加的数据更新到当前的版面中。当前版面分为两种情况：case0 和 case1。case0 表示当前视图为数据视图，case1 表示当前视图为版面视图。通过 for 循环语句逐个将选择的数据图层添加到 axMapControl2 内，最后通过 esriPointerDefault 方法将鼠标样式还原。其关键实现代码如下：

```
this.lForm.axMapControl1.Map.ClearSelection();
IQueryFilter pQueryFilter = new QueryFilter();
pQueryFilter.WhereClause = comboBox2.Text + " = " +comboBox3.
SelectedItem.ToString();
pFSelection = this.pLayer as IFeatureSelection;
int iSelectedFeaturesCount = pFSelection.SelectionSet.Count;
esriSelectionResultEnum selectMethod = esriSelectionResultEnum.
esriSelectionResultNew;
pFSelection.SelectFeatures(pQueryFilter, selectMethod, false).
```

3.4.3　实例应用

本节采用锦州湾 2012 年 11 月 20 个监测站位的水质监测数据，选择主要评价因子化学需氧量、溶解氧、无机氮、活性磷酸盐、石油类、Zn、Pb、Cd 8 个项目，利用基于 ArcEngine 的海水水质可变模糊评价系统，得到锦州湾海水水质综合评价结果，评价结果直观反映了锦州湾海水水质等级的空间分布状况，可以看出：锦州湾海水水质主要以 II 类水质为主，由于受陆源的超标排污、港口工业区以及围填海开发的影响，污染严重的区域主要集中在大河口和锦州港附近海域，导致锦州湾湾口和西北部区域水质较差。

3.5　本章小结

本章以锦州湾作为辽宁省海岸带开发的典型活动区，首先对其 2012 年 11 月的水质监测数据进行分析并得出结论，锦州湾海域污染比较严重，无机氮和重金属是锦州湾海域的主要污染物，无机氮全部站位超过 II 类海水水质标准，其中有 8 个监测站位超 IV 类水质标准，占总监测站位的 40%；重金属 Pb 有 2 个监测站位超过 II 类海水水质标准，占总监测站位的 10%；其余评价要素均满足 II 类海水水质标准的要求。

然后本章提出了基于可变模糊集理论的海水水质评价模型，该模型通过模型参数变化，将线性模型与非线性模型相结合，以最稳定级别特征值作为海洋水质环境的最后评价结果，从而区分各水质采样点的水质优劣，确定水质评价等级。评价结果显示该模型相对于 BP 人工神经网络、模糊综合评价、集对分析等方法更为准确可信，更适合于多指标、多级别、非线性的海域环境质量综合评价。

最后本章将基于可变模糊集理论的海水水质评价模型和 GIS 相结合，采用 ArcEngine 集成开发技术，在 Visual C# 2010 开发环境下，将可变模糊数学模型与 GIS 空间分析手段集成，建立基于 ArcEngine 的海水水质可变模糊评价系统，通过 ArcSDE 数据引擎和专用开发数据接口访问 SQL Server 中的海水水质评价空间数据库，实现海水水质空间分布状况的实时动态显示，并将该系统应用到锦州湾海水水质综合评价中，实现了锦州湾海水水质综合评价结果的直观、可视化显示，为控制环境污染、进行环境规划提供了科学依据。

对于基于可变模糊集理论的海水水质评价模型，权重设置的合理性是决定评价结果可靠性的一个重要因素，本章采用考虑权重折中系数的方法确定权重，将经验权重与数学权重相结合，为权重的设置提供了参考。未来在实际海洋环境评价中更加合理地进行指标权重的设置，以及根据级别特征值进行海水水质级别的划分是多目标可变模糊评价模型应用于海水水质评价需要进一步完善的部分。不同的水质评价方法有着不同的侧重点，如果能够合理地设置评价模型各影响因素的权重，基于可变模糊集理论的海水水质评价模型不失为一个较好的多目标辅助决策模型，可在其他系统评价中推广应用。

参 考 文 献

陈守煜, 2005. 工程可变模糊集理论与模型——模糊水文水资源学数学基础[J]. 大连理工大学学报, 45(2): 308-312.

陈守煜, 2012. 可变集——可变模糊集的发展及其在水资源系统中的应用[J]. 数学的实践与认识, 42(1): 92-101.

陈守煜, 李亚伟, 2005. 基于模糊人工神经网络识别的水质评价模型[J]. 水科学进展, 16(1): 88-91.

邓宗成, 何新春, 孙英兰, 等, 2011. 基于 GIS 的海域水污染控制规划框架探讨——以胶州湾东北部为例[J]. 海洋环境科学, 30(3): 365-369.

范文宏, 张博, 陈静生, 等, 2006. 锦州湾沉积物中重金属污染的潜在生物毒性风险评价[J]. 环境科学学报, 26(6): 1000-1005.

靳玉峰, 2009. 海洋水质监测与预报系统研究[D]. 大连：大连海事大学.

李凡修, 陈武, 2003. 海水水质富营养化评价的集对分析方法[J]. 海洋环境科学, 22(2): 72-74.

李雪, 刘长发, 王磊, 等, 2011. 基于 BP 人工神经网络的海水水质综合评价[J]. 海洋通报(英文版), 13(2): 62-71.

刘庆霞, 黄小平, 张霞, 等, 2012. 2010 年夏季珠江口海域颗粒有机碳的分布特征及其来源[J]. 生态学报, 32(14): 4403-4412.

刘艳, 纪灵, 郭建国, 等, 2009. 烟台邻近海域水质与富营养化时空变化趋势分析[J]. 海洋通报, 28(2): 18-22.

孙维萍, 于培松, 潘建明, 2009. 灰色聚类法评价长江口、杭州湾海域表层海水中的重金属污染程度[J]. 海洋学报, 31(1): 79-84.

王保栋, 孙霞, 韦钦胜, 等, 2012. 我国近岸海域富营养化评价新方法及应用[J]. 海洋学报, 34(4): 61-66.

王本德, 于义彬, 王旭华, 等, 2004. 考虑权重折衷系数的模糊识别方法及在水资源评价中的应用[J]. 水利学报, (1): 6-12.

王洪礼, 王长江, 李胜朋, 2005. 基于支持向量机理论的海水水质富营养化评价研究[J]. 海洋技术, 24(1): 48-51.

吴斌, 宋金明, 李学刚, 等, 2012. 沉积物质量评价"三元法"及其在近海中的应用[J]. 生态学报, 32(14): 4566-4574.

张玉凤, 宋永刚, 王立军, 等, 2011. 锦州湾沉积物重金属生态风险评价[J]. 水产科学, 30(3): 156-159.

郑琳, 崔文林, 贾永刚, 2007. 青岛海洋倾倒区海水水质模糊综合评价[J]. 海洋环境科学, 26(1): 38-41.

周惠成, 张改红, 王国利, 2007. 基于熵权的水库防洪调度多目标决策方法及应用[J]. 水利学报, 38(1): 100-106.

Beck M B, 1987. Water quality modeling: A review of the analysis of uncertainty[J]. Water Resources Reserch, 23(8): 1393-1442.

Bernard P, Antoine L, Bernard L, 2004. Principal component analysis: An appropriate tool for water quality evaluation and management—Application to a tropical lake system[J]. Ecological Modelling, 178(3-4): 295-311.

Chang N B, Chen H W, Ning S K, 2001. Identification of river water quality using the Fuzzy Synthetic Evaluation approach[J]. Journal of Environmental Management, 63(3): 293-305.

Chen S Y, 2005. Theory and model of engineering variable fuzzy set—Mathematical basis for fuzzy hydrology and water resources[J]. Journal of Dalian University of Technology, 45(2): 308-312.

Fulazzaky M A, 2009. Water quality evaluation system to assess the Brantas River water[J]. Water Resource Management, 23(14): 3019-3033.

Icaga Y, 2007. Fuzzy evaluation of water quality classification[J]. Ecological Indicators, 7(3): 710-718.

Kazem N M, Van D E, 2012. Assessment of groundwater quality using multivariate statistical techniques in Hashtgerd Plain, Iran[J]. Environmental Earth Sciences, 65(1): 331-344.

Liou S M, Lo S L, Hu C Y, 2003. Application of two-stage fuzzy set theory to river quality evaluation in Taiwan[J]. Water Research, 37(6): 1406-1416.

Razmkhah H, Ahmad A, Torkian A, 2010. Evaluation of spatial and temporal variation in water quality by pattern recognition techniques: A case study on Jajrood River(Tehran, Iran)[J]. Journal of Environmental Management, 91(4): 852-860.

Russo R C, 2002. Development of marine water quality criteria for the USA[J]. Marine Pollution Bulletin, 45(1-12): 84-91.

Sarkar B C, Mahanta B N, Saikia K, et al. , 2007. Geo-environmental quality assessment in Jharia coalfield, India, using multivariate statistics and geographic information system[J]. Environment Geology, 51(7): 1177-1179.

Ouyang Y, 2005. Evaluation of river water quality monitoring stations by principal component analysis[J]. Water Research, 39(12): 2621-2635.

Wang D, Singh V P, Zhu Y S, 2007. Hybrid fuzzy and optimal modeling for water quality evaluation[J]. Water Resource Research, 43(5): W05415.

Zhao G J, Gao J F, Tian P, et al. , 2011. Spatial-temporal characteristics of surface water quality in the Taihu Basin, China[J]. Environmental Earth Sciences, 64(3): 809-819.

Zhou F, Guo H C, Liu Y, et al. , 2007. Identification and spatial patterns of coastal water pollution sources based on GIS and chemometric approach[J]. Journal of Environmental Sciences, 19(7): 805-810.

第4章　辽宁省典型海岸带近岸海洋水环境容量研究

4.1　引　言

海洋水环境容量与海水的自净能力有关，既反映了海域容纳污染物的能力，又反映了人类对海洋环境规划的需求（水质目标）。因此，海洋水环境容量是沿海经济开发规划产业布局的基础依据，对海洋环境保护具有重要的指导意义。近年，随着海洋资源的开发利用，国内对海洋水环境容量的研究越来越重视。兰冬东等（2013）认为海洋水环境容量的大小与海域特征和海水水质目标有关，并以大连湾作为研究区，对其潮流场进行数值模拟，计算了大连湾受纳水体水质对排放源的响应关系。龙颖贤等（2014）基于无结构网格的 MIKE 3D 模型，建立了北部湾三维潮流水质数学模型，计算北部湾近岸海域 24 个主要排污口化学需氧量、无机氮和石油类的海洋水环境容量，并通过对比区域规划排污量，得出各排污区海洋水环境容量的可利用水平。丁东生（2012）按照关于定量化指标的要求，建立了海洋水环境容量计算方法。

本章以锦州湾为研究对象，探讨两种海洋水环境容量的计算方法：

一种是基于 GIS 的海洋水环境容量计算方法，通过 GIS 地统计分析插值模型和参数优化模型对研究区域污染物浓度和水深进行离散插值计算，从而对海洋水环境容量进行直接估算。GIS 在水文水资源、气象等多个领域有着非常广泛的应用，内部的多种插值计算方法可方便地在有限区域内进行插值计算，例如地形插值分析、泰森多边形建立、雨量分布插值等。因此，本章将研究区域中的水质监测数据在有限区域内进行插值模拟，通过插值模型和参数优化模型建立基于 GIS 的海洋水环境容量计算方法，估算海洋水环境容量。这种计算方法不依赖于水动力扩散和污染衰减条件，将整个研究区域看作混合均匀的水体，虽然忽略了各点之间污染物的对流扩散，不考虑排污口的影响，计算得到的是瞬时的海洋水环境容量，但对水环境管理仍有一定的参考价值。

另一种是利用 MIKE 模型建立锦州湾水动力-对流扩散模型，利用"干湿"边界条件模拟潮起潮落海滩污染物浓度变化，选取低潮时污染物混合影响范围最大情景作为海洋水环境容量计算工况，并将渤海湾环境背景值作为锦州湾污染物本底浓度，考虑污染物本底浓度对海洋水环境容量的影响，从而模拟化学需氧量、无机氮、活性磷酸盐、Zn、Cu、Pb、Cd 和 Hg 的浓度响应系数场，再利用分担率法耦合最优化线性规划法，进而计算得到 3 个排污口的最大允许排放量和海洋水环境容量，计算得到的是现状排污条件下的海洋水环境容量，为制定控制水环境污染决策服务。

4.2 模型与方法

4.2.1 基于 GIS 的海洋水环境容量计算

GIS 在水文水资源、气象等多个领域有着非常广泛的应用，尤其适合于将点源数据插值成连续空间表面数据，表现出无可比拟的优势。例如数字高程模型插值、降雨信息插值、气温空间分布插值、气象要素信息插值等，这些插值分析方法为海洋水环境容量的计算提供了一种新的解决方案：把海洋水环境容量计算模型中的污染物浓度和水深作为空间插值模型中的要素指标进行插值模拟计算，通过插值模型和参数优化模型建立基于 GIS 的海洋水环境容量计算方法。

1. 基于 ArcGIS 的空间插值

地统计学是以区域化变量理论为基础，借助变异函数，研究既具有随机性又具有空间相关性的自然现象的一门学科（牟乃夏等，2012）。ArcGIS 地统计分析模块是一个完整的 GIS 地统计分析工具包，通过工具条提供地统计分析向导，在大量随机样本的基础上，分析样本间规律，进行相关预测，帮助用户实现合理的表面插值（牛志广，2014）。ArcGIS 地统计分析模块提供了两类插值方法：确定性内插法和克里金（Kriging）插值法。

克里金插值法又称空间局部插值法，广泛地应用于地下水模拟、土壤制图等领域，是一种重要的地质统计格网化方法。它通过协方差函数和变异函数确定空间变量随距离变化的规律，以距离为自变量，计算相邻变量间的关系权值，从而在有限区域内对变量进行无偏最优估计。它是一种光滑的内插方法，在数据点较多，且区域化变量存在空间相关性时，其内插的结果可信度较高。

克里金插值法用公式可表示为

$$z^*(x_0) = \sum_{i=1}^{n} \lambda_i z(x_i) \tag{4.1}$$

式中，$x_1, x_2, \cdots, x_n$ 为区域上的系列观测点；$z(x_1), z(x_2), \cdots, z(x_n)$ 为对应的观测值；$z^*(x_0)$ 为区域化变量在 x_0 处的值；λ_i 为权重系数。

克里金插值法的主要步骤如图 4.1 所示。

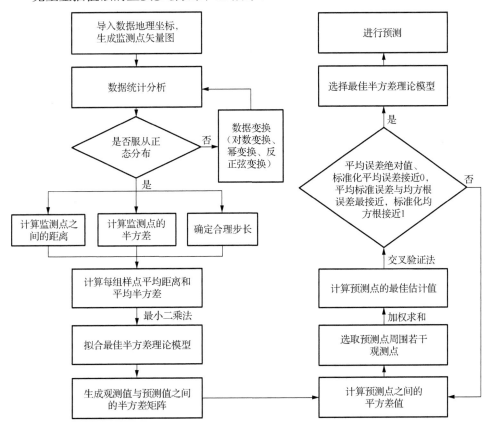

图 4.1　克里金插值法主要步骤

2. 基于 GIS 的海洋水环境容量计算方法

海洋水环境容量研究实际上是研究目标海域在规定环境目标下容纳污染物的最大负荷问题,受水体环境要素特征、生物化学衰减机理、污染物稀释方式、污染物扩散等多个因素影响(彭泰,2012;逄勇,2010)。本节将该问题简化研究,将水质模拟问题转化为数学统计问题,充分利用水体水质、沉积物监测数据,采用克里金插值法对污染物浓度和水深数据进行插值,将研究区域离散为一个个的均匀栅格单元,同时栅格单元内污染物均匀分布,那么该栅格单元的海洋水环境容量计算就可以概化为单个栅格内的海洋水环境容量及沉积物环境容量计算,根据质量守恒原理及相关文献(郝嘉亮,2013;柯丽娜,2013;牛志广,2004)的研究结果,该栅格单元的海洋水环境容量计算公式应为

$$w = \alpha \times [(\beta_s - \beta_i) \times A \times h + (k_1 - d_i) \times A \times h_1 \times \rho] \quad (4.2)$$

式中,w 为栅格单元的海洋水环境容量,单位为 mg;β_s 为污染物的控制浓度目标,单位为 mg/L;β_i 为污染物的插值模拟值浓度,单位为 mg/L;α 为不均匀系数;A 为栅格单元面积,单位为 cm^2;h 为栅格单元水深,单位为 cm;k_1 为单位重量沉积物释放/吸附量,单位为 mg/g,h_1 为沉积物释放有效深度,单位为 cm;d_i 为当前沉积物的污染物浓度,单位为 mg/g;ρ 为沉积物密度,单位为 g/cm^3。

式(4.2)没有考虑单元格之间的水量与物质交换,忽略了污染物的迁移扩散及水体的自净能力,因此,仅在一些水动力条件及水体交换能力较差的滞缓区,在资料匮乏条件下,该公式可以作为海洋水环境容量的一种初步计算方法。因滞缓区与外水体交换较弱,其不均匀系数可参考相关文献(郝嘉亮,2013),具体参数取值见表 4.1。

表 4.1 不同水域面积的不均匀系数取值

面积/km^2	不均匀系数	面积/km^2	不均匀系数
≤5	0.6~1.0	500~1000	0.09~0.11
5~50	0.4~0.6	1000~3000	0.05~0.09
50~500	0.11~0.4		

注:表中面积的范围含上不含下,不均匀系数的范围含下不含上

在计算出每一个栅格单元的海洋水环境容量后，确定海洋水环境容量最容易超标的区域，以最易超标区域的海洋水环境容量为区域水环境控制标准，最终计算出研究海域的海洋水环境容量。

4.2.2　基于 MIKE 水动力-对流扩散模型的海洋水环境容量计算

在水污染物运移扩散规律研究方面，常用的方法有野外观测、物理模型试验和数值模型法等，受人力、物力和水体自然规律难以把握等条件的限制，建立水质数学模型是目前研究水体污染控制的重要方法之一。目前，国际上广泛应用于海洋水环境容量计算的模型有 Delft3D、MIKE、POM 和由 POM 发展而来的 ECOM 等。这些模型在国际上已有建模及应用方面的先进性。

本书研究利用的 MIKE 模型，由丹麦水利研究所（Danish Hydraulic Institute，DHI）研发，其界面友好，能处理许多不同类型的水动力条件，是国际上广泛应用于水文和近海研究的商业软件（冯静，2011；王俊杰，2009）。该软件由 MIKE 11、MIKE 21、MIKE 3、MIKE SHE 和 MIKE BASIN 等几部分组成。

MIKE 21 是二维平面区域内的水动力学计算软件，主要用于模拟河流、湖泊、河口、海湾、海岸及海洋的水流、波浪、泥沙及环境等。MIKE 21 软件的计算原理是采用矩形交错网格上的交替方向隐式（alternating direction implicit，ADI）法，求解描述水流运动的二维非恒定流方程组和二维对流扩散方程，具体离散用半隐式，求解用追赶法。

水流连续方程：

$$\frac{\partial z}{\partial t} + \frac{\partial Q}{\partial x} + \frac{\partial P}{\partial y} = 0 \tag{4.3}$$

水流运动方程：

$$\frac{\partial u}{\partial t} + u\frac{\partial u}{\partial x} + v\frac{\partial u}{\partial y} + g\frac{\partial z}{\partial x} + g\frac{u\sqrt{u^2+v^2}}{c^2 h} = v_t\left(\frac{\partial^2 u}{\partial x^2} + \frac{\partial^2 u}{\partial y^2}\right) \tag{4.4}$$

$$\frac{\partial v}{\partial t} + u\frac{\partial v}{\partial x} + v\frac{\partial v}{\partial y} + g\frac{\partial z}{\partial x} + g\frac{v\sqrt{u^2+v^2}}{c^2 h} = v_t\left(\frac{\partial^2 v}{\partial x^2} + \frac{\partial^2 v}{\partial y^2}\right) \tag{4.5}$$

二维对流扩散方程：

$$\frac{\partial C}{\partial t} + u\frac{\partial C}{\partial x} + v\frac{\partial C}{\partial y} = K_x\frac{\partial^2 C}{\partial x^2} + K_y\frac{\partial^2 C}{\partial y^2} \tag{4.6}$$

式中，x、y 和 t 分别为方向和时间坐标；z 为水位；h 为水深；u、v 分别为垂线平均流速在 x、y 方向的分量；Q、P 分别为单宽流量在 x、y 方向的分量，$Q = hu$，$P = hv$；n 为曼宁糙率系数；c 为谢才系数，$c = \frac{1}{n}h^{1/6}$；v_t 为紊动黏性系数；g 为重力加速度；C 为污染物浓度；K_x、K_y 分别为 x、y 方向的扩散系数。

锦州湾 n 个排污口不同污染物浓度响应系数场通过建立 MIKE 水动力-对流扩散模型模拟得到，若存在 m 个水质控制点，则存在最优解，使得 $C_j(x, y) \leq C_{sj}(x, y) - C_{0j}(x, y)$ [$C_j(x, y)$ 为第 j 个控制点的污染物浓度；$C_{sj}(x, y)$ 为研究区域水环境管理目标值；$C_{0j}(x, y)$ 为研究区域污染物本底浓度]，直至 $\sum_{i=1}^{n} Q_i$（Q_i 为第 i 个污染源的源强）最大，再转化为线性规划求解问题，即目标函数：

$$f = \max \sum_{i=1}^{n} Q_i \tag{4.7}$$

约束条件：

$$\begin{bmatrix} \alpha_{11} & \alpha_{12} & \cdots & \alpha_{1n} \\ \alpha_{21} & \alpha_{22} & \cdots & \alpha_{2n} \\ \vdots & \vdots & & \vdots \\ \alpha_{m1} & \alpha_{m2} & \cdots & \alpha_{mn} \end{bmatrix} \begin{bmatrix} Q_1 \\ Q_2 \\ \vdots \\ Q_n \end{bmatrix} \leq \begin{bmatrix} C_{s1} - C_{01} \\ C_{s2} - C_{02} \\ \vdots \\ C_{sm} - C_{0m} \end{bmatrix} \tag{4.8}$$

$$Q_i \geq 0$$

式中，$\alpha_{ji}(x, y)$ 为响应系数。基于 MIKE 水动力-对流扩散模型的海洋水环境容量计算流程见图 4.2。

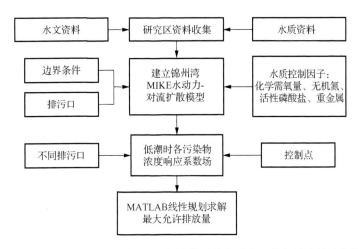

图 4.2　基于 MIKE 水动力-对流扩散模型的海洋水环境容量计算流程图

4.2.2.1　基本参数

MIKE 21 的基本参数主要包括模块选择，地形文件生成，模拟时段，边界条件，源和汇，物质量平衡统计，干、湿动边界。其中边界条件和物质量平衡统计一般采用模型默认值。

1. 模块选择

MIKE 21 水流模型（flow model，FM）模块分为四种：仅水动力（HD）、水动力（HD）+对流扩散（AD）、水动力（HD）+泥沙运输（MT）、水动力（HD）+Ecolab。这里选用 HD+AD 模块，建立水质模型，用于海洋水环境容量模拟。

2. 地形文件生成

地形是二维水动力模型的基础。模型水深资料是从中国海道测绘官方网站提取锦州湾等深线文件，生成 100m×100m 网格地形文件（图 4.3），所建地形如图 4.4 所示；模型中对陆地边界采用修改局部地形高程的方法进行处理。

图 4.3　锦州湾地形模型文件（见书后彩图）

水深以海平面为基准，高于海平面为正，低于海平面为负

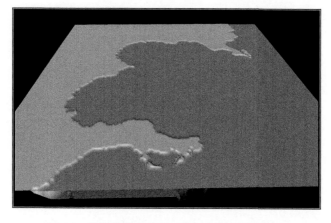

图 4.4　锦州湾整体地形三维图（见书后彩图）

3．模拟时段

模拟时段参数包括时间步长数、时间步长长度、起始和终止时刻及最大柯朗数（Courant number）。柯朗数计算公式为

$$C_r = u \times \frac{\Delta t}{\Delta x} \qquad (4.9)$$

式中，u 为流体速度；Δt 是时间步长长度；Δx 是网格在水平方向的间距。

柯朗数描述了浅水波在一个时间步长内所传播的网格个数。对于显式差分，柯朗数必须严格小于 1；对于隐式差分，由于无条件稳定，对柯朗数不做要求。对 MIKE 21 HD 模型而言，由于使用的是显隐交替的数值计算方法，所以允许柯朗数大于 1，但是一般情况下不能大于 10，最好能够控制在 5 以内。考虑地形网格大小与计算时间，时间步长设置为 10s，步数为 57600。

4．源和汇

锦州湾周边排污口主要有 3 个：五里河、塔山河和大兴河，如图 4.5 所示。排污口可以在模型中添加 3 个源进行模拟，排污口各参数主要包括位置、流量、流速、流向和污染物浓度等。

图 4.5 锦州湾主要排污口位置示意图（见书后彩图）

5. 干、湿动边界

动边界能够在模拟过程中根据水深动态地调整计算域的大小，适用于潮间带的涨水和退水。为保证模型计算的连续性，计算区域由于潮位涨落产生的动边界采用"干湿判别"来确定。当计算区域水深小于 0.1m 时，计算区域记为"干"，不参加计算；当水深大于 0.3m 时，计算区域记为"湿"，重新参加计算。

4.2.2.2 水动力参数

MIKE 21 水动力参数包括初始水位、边界条件、源黏系数、源参数、涡黏系数、阻力、波浪辐射应力、风力，需要设置的参数有初始水位、边界条件及源参数，其他参数为系统默认。

1. 初始水位

初始水位是指模型开始计算时的水位状态。初始水位可以是常数，也可以是随空间变化的二维文件，模型初始水面高程设为 1m。

2. 边界条件

边界条件的设定也是保证水动力模型正常稳定运行的基础，边界条件越好，则计算结果越精确，稳定性越好。

开边界给定潮位过程线。利用 MIKE 21 前处理工具 TIDAL Prediction 生成外海边界条件 8 个主要分潮（M_2、S_2、K_1、O_1、N_2、P_1、K_2、Q_1）的调和常数，再由 DHI 公司提供的全球潮汐预测模型模块，生成边界处的潮汐水位。

3. 源参数

源参数设置见表 4.2。

表 4.2 源参数设置

源	点	流量/(m³/s)	流速/(m/s)	出流方向
1	(32,45)	10	0.1	0
2	(51,109)	10	0.1	0
3	(79,141)	10	0.1	90

4.2.2.3　对流扩散参数

MIKE 21 对流扩散参数包括起始条件、物质组分、初始浓度、边界条件、沉积系数、混合系数、AD 反馈、线统计和块统计，其中沉积系数、AD 反馈、线统计和块统计为系统默认。

1. 起始条件

在起始条件中选择与水动力相同的时间步长数：0～57600。

2. 物质组分

对流扩散可以模拟的物质组分包括：保守（conservative）物质、衰减（decaying）物质、热耗散（hot dissipating）物质和热交换（hot exchange）物质。化学需氧量、无机氮、活性磷酸盐、石油类、Zn、Cu、Pb、Cd、Hg 均属于保守物质。

3. 初始浓度

每一种组分都要在所有计算区域内设定其初始浓度，浓度值可以设定为空间常量或者空间 2 型数值文件的形式。初始污染物浓度设定为 0mg/L。

4. 边界条件

对水质模拟而言，开边界处的浓度是非常重要的，通常在可能的情况下，应当将开边界设定远离重要性区域和影响区域。开边界污染物浓度设定为 0mg/L。

5. 混合系数

在 MIKE 21 AD 模型中，混合系数是一个综合项，包含了分子扩散状况、湍流扩散以及由于流速分布不均产生的离散状况。而在数值模型中，混合系数除了和物理背景相关外，还和网格大小、时间步长有关。混合系数设定为 $10m^2/s$。

4.3　实　例　研　究

4.3.1　研究区域概况

1. 总体概况

锦州湾位于葫芦岛市和锦州市之间，三面被陆地包围，湾口开敞，朝向东南。锦州湾沿海经济区是辽宁沿海经济带发展规划中的重要区域，近几年来工业迅速发展，使锦州湾海水环境和沉积物环境受到一定影响。多年来的锦州湾沿海环境质量监测结果表明：锦州湾海水水质受无机氮污染严重，多年监测值均超Ⅱ类海水水质标准，同时部分监测站位活性磷酸盐、石油类含量亦超过Ⅱ类海水水质标准，部分监测站位沉积物受到硫化物的污染（范文宏等，2006）。

2. 水质概况

锦州湾海域共布设了 20 个监测站位，监控海域面积 160km^2，水质监测指标为化学需氧量、叶绿素、氨氮、亚硝酸盐、硝酸盐、活性磷酸盐、pH、盐度、溶解氧、石油类、Hg、Cd、Pb、Cr、As[①]、Zn、Cu，沉积物监测指标为石油类、有机碳、硫化物、Hg、Cd、Pb、As、Cu、Zn、多氯联苯、六六六、滴滴涕，监测时间为每年的 5 月、8 月、10 月。经过对锦州湾海域水质进行综合分析，发现无机氮、化学需氧量、活性磷酸盐、Pb、Cd、Zn 指标对海湾水质影响较大（钱轶超，2011；张玉凤等，2011；范文宏等，2006）。

4.3.2　基于 GIS 的海洋水环境容量计算

无机氮是近岸海域主要的污染物之一，赤潮、富营养化事件都与无机氮有密切的关系，一般 8 月份是最容易发生富营养化的时间（钱轶超，2011；张玉凤等，2011；范文宏等，2006），监测水质资料的分析也说明 8 月份的水质状况较差，因

---

① 砷（As）为非金属，鉴于其化合物具有金属性，本书将其归入重金属一并统计。

此在本次海洋水环境容量计算中,以 2009 年 8 月为基准计算锦州湾的海洋水环境容量。

由于研究海域面积为 160km²,参照表 4.1 取不均匀系数为 0.380,无机氮、活性磷酸盐、化学需氧量、Zn、Pb、Cd 指标不考虑沉积物的吸附或者释放,取 k_1 为 0,以方便管理人员从不同的需求进行环境管理与控制。

利用 4.2 节所述步骤对水深以及无机氮、活性磷酸盐、化学需氧量、Zn、Pb、Cd 污染物浓度进行插值,水深和无机氮浓度插值结果如图 4.6 所示。

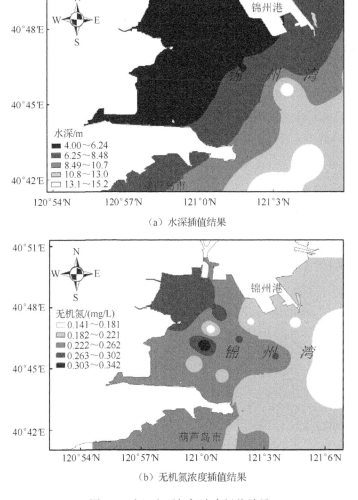

（a）水深插值结果

（b）无机氮浓度插值结果

图 4.6 水深和无机氮浓度插值结果

利用 GIS 栅格计算模块，将不均匀系数、单元格面积、水深栅格数据、污染物浓度插值数据代入式（4.2），计算得到无机氮、活性磷酸盐、化学需氧量、Zn、Pb、Cd 海洋水环境容量见表 4.3。

表 4.3　基于 GIS 的锦州湾海洋水环境容量计算结果　　　　　（单位：t）

水质目标	无机氮	活性磷酸盐	化学需氧量	Zn	Pb	Cd
IV类	281	31	3971	527.8	46.7	10.34

由于锦州湾海域靠近葫芦岛锌厂及来自五里河入海口陆源排污源，沉积物中重金属污染较为严重，尤其是 Zn、Pb、Cd，超过 50%的站位超出 I 类沉积物质量标准，重金属大部分以非残渣态存在，易于进入水相或被生物所利用再次释放出来，造成二次污染（李晋昌等，2013；葛成凤，2012；钱轶超，2011；张玉凤等，2011；武倩倩，2006）。

由于进入水体的大部分重金属常常转移至悬浮颗粒物或底层沉积物中，因此在对重金属海洋水环境容量进行计算时考虑沉积物的吸附作用，即这里海洋水环境容量计算既包括海域海水中重金属的海洋水环境容量又包括沉积物中重金属的海洋水环境容量。

重金属海洋水环境容量计算中不均匀系数参照表 4.1，取 0.380；锦州湾属于港口航运区，执行IV类海水水质标准，计算对应海水水质标准下重金属的海洋水环境容量；根据已有研究成果，不同粒径的沉积物对重金属吸附作用的影响是不同的，粒径越小，沉积物对重金属的吸附作用越大，粒径从小到大的最大吸附量分别为 28.760mg/g、20.121mg/g、15.038mg/g、12.579mg/g，这里 k_1 取其平均值 19.12mg/g；沉积物湿密度为 $1.65\,g/cm^3$，含水量为 70%，由此确定沉积物干密度为 $0.5\,g/cm^3$（李晋昌等，2013；葛成凤，2012；朱静，2007；武倩倩，2006；范文宏等，2006）。由于沉积物吸附和释放在表层 10cm 内的影响最小（武倩倩，2006），因此这里沉积物深度取 10cm，由此得到重金属的海洋水环境容量，见表 4.3。

4.3.3　基于 MIKE 水动力-对流扩散模型的海洋水环境容量计算

4.3.3.1　计算条件

根据《污水海洋处置工程污染物控制标准》（GB 18486—2001）对混合区的规定，若污水排往海域面积小于 $600km^2$ 的海湾，混合区面积必须小于允许值（A_a）：

$$A_a = \frac{A_0}{200} \times 10^6 (\text{m}^2) \tag{4.10}$$

式中，A_0 为计算至湾口位置的海湾面积，单位为 km²。

锦州湾海域面积约为 160km²，混合区面积应小于 0.8km²，若以扇形混合区计算，混合区半径约为 700m，大约相当于模型 7 个网格宽度。

由于污染物在低潮时，混合范围最大，因此选取低潮时的污染物浓度响应系数场作为计算条件，共设置 5 个水质控制点，如图 4.7 所示。

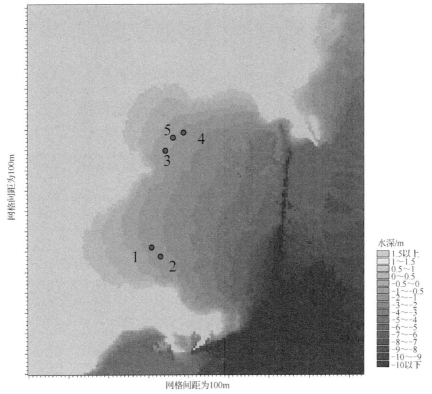

图 4.7   锦州湾水质控制点位置示意图（见书后彩图）

水深以海平面为基准，高于海平面为正，低于海平面为负

4.3.3.2   响应系数场模拟

1. 锦州湾化学需氧量浓度响应系数场模拟

排污单元化学需氧量的输入源强为 10g/s，模型模拟稳定两天后，响应系数场如图 4.8 所示，排污口中心浓度最高，逐渐向外扩散递减。三个排污口同时排放时，浓度影响范围变大，其中大兴河和塔山河污染物浓度响应系数场相互影响较大。

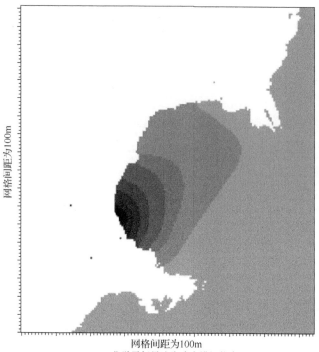

（a）化学需氧量浓度响应模拟状态A

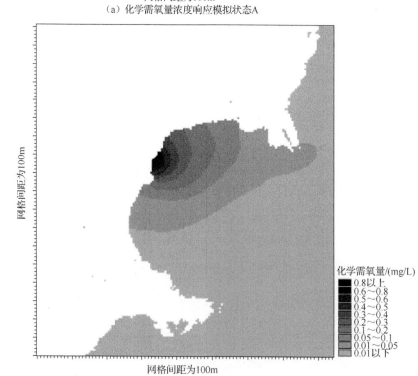

（b）化学需氧量浓度响应模拟状态B

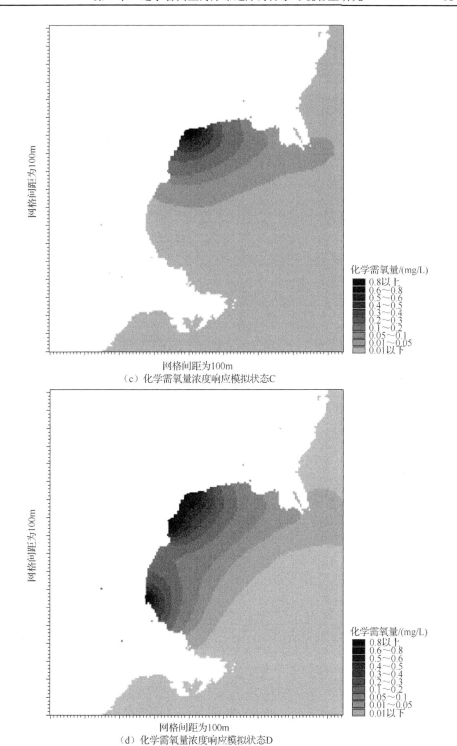

图 4.8 锦州湾低潮时排污口化学需氧量浓度响应系数场

2. 锦州湾无机氮和活性磷酸盐浓度响应系数场模拟

　　排污单元无机氮和活性磷酸盐的输入源强分别为 100mg/s 和 10mg/s，模型模拟稳定后，低潮时响应系数场如图 4.9 和图 4.10 所示，排污口中心浓度最高，逐渐向外扩散递减。三个排污口同时排放时，浓度影响范围变大，其中大兴河和塔山河污染物浓度响应系数场相互影响较大。

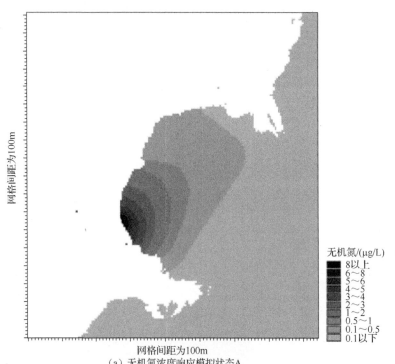

（a）无机氮浓度响应模拟状态A

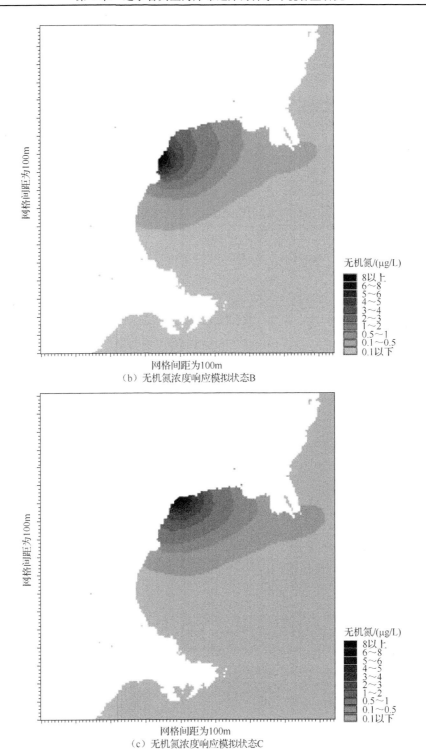

网格间距为100m

（b）无机氮浓度响应模拟状态B

（c）无机氮浓度响应模拟状态C

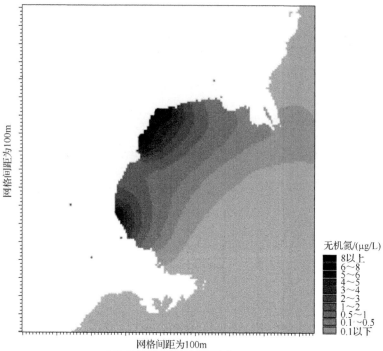

（d）无机氮浓度响应模拟状态D

图 4.9　锦州湾低潮时排污口无机氮浓度响应系数场

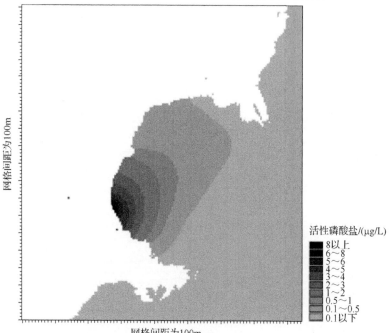

（a）活性磷酸盐浓度响应模拟状态A

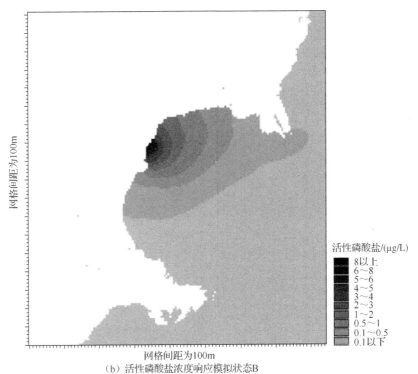

网格间距为100m

（b）活性磷酸盐浓度响应模拟状态B

网格间距为100m

（c）活性磷酸盐浓度响应模拟状态C

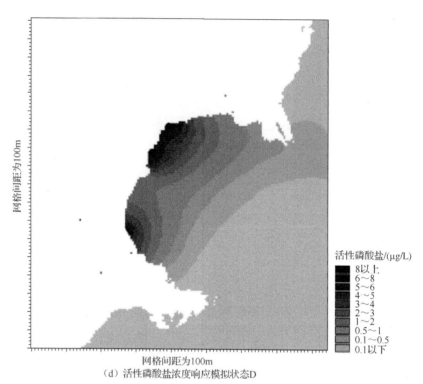

（d）活性磷酸盐浓度响应模拟状态D

图4.10　锦州湾低潮时排污口活性磷酸盐浓度响应系数场

3. 锦州湾重金属浓度响应系数场模拟

排污单元 Cu、Zn、Pb 的输入源强为 10mg/s，Cd 和 Hg 的输入源强为 1mg/s，模型模拟稳定两天后，响应系数场如图4.11 和图4.12 所示，排污口中心浓度最高，逐渐向外扩散递减。三个排污口同时排放时，浓度影响范围变大，其中大兴河和塔山河污染物浓度响应系数场相互影响较大。

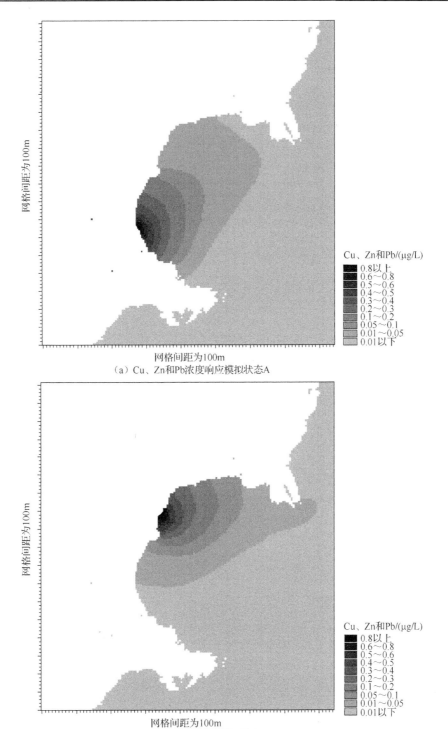

（a）Cu、Zn和Pb浓度响应模拟状态A

（b）Cu、Zn和Pb浓度响应模拟状态B

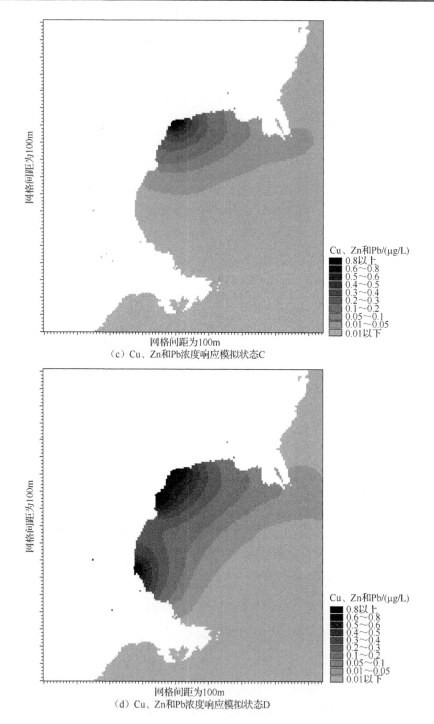

（c）Cu、Zn和Pb浓度响应模拟状态C

（d）Cu、Zn和Pb浓度响应模拟状态D

图 4.11　锦州湾低潮时排污口 Cu、Zn 和 Pb 浓度响应系数场

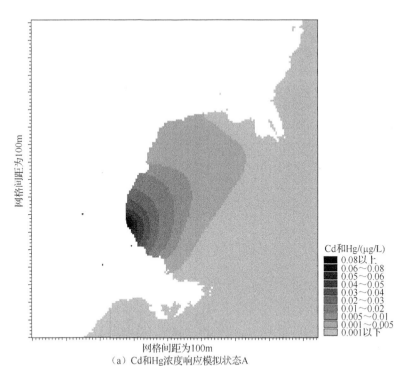

（a）Cd和Hg浓度响应模拟状态A

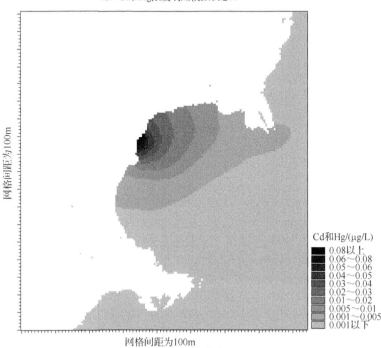

（b）Cd和Hg浓度响应模拟状态B

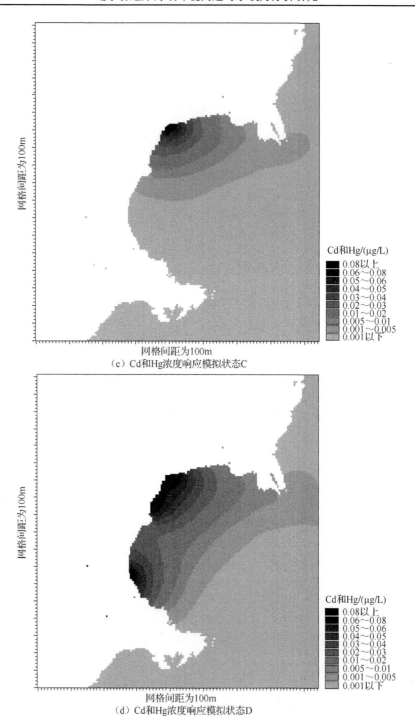

（c）Cd和Hg浓度响应模拟状态C

（d）Cd和Hg浓度响应模拟状态D

图4.12　锦州湾低潮时排污口 Cd 和 Hg 浓度响应系数场

4.3.3.3　计算结果

由单个排污口污染物浓度响应系数场提取各水质控制点各排污口浓度响应系数，计算各排污口分担率，结果如表 4.4 所示。

表 4.4　各水质控制点浓度响应系数和分担率

控制点	排污口 1		排污口 2		排污口 3	
	响应系数	分担率	响应系数	分担率	响应系数	分担率
1	4.007	0.964	0.120	0.029	0.031	0.008
2	4.279	0.974	0.090	0.021	0.023	0.005
3	0.375	0.053	4.999	0.712	1.645	0.234
4	0.158	0.020	2.620	0.332	5.123	0.648
5	0.181	0.023	3.567	0.445	4.268	0.532

注：源强为 100mg/s

在海水水质Ⅳ类标准和渤海湾污染物浓度背景值下，如表 4.5 所示，利用 MATLAB 软件 linprog 函数，求解锦州湾约束条件下的海洋水环境容量线性规划方程，分别计算 3 个排污口的化学需氧量、无机氮、活性磷酸盐、Zn、Cu、Pb、Cd 和 Hg 的最大允许排放量和锦州湾海洋水环境容量，结果如表 4.6 所示。

表 4.5　锦州湾海水水质目标值和背景值　　　　（单位：μg/L）

	化学需氧量	无机氮	活性磷酸盐	Zn	Cu	Pb	Cd	Hg
目标值	5000	500	45	500	50	50	10	0.5
背景值	1190	132.4	7.25	14.5	2.61	1.44	0.126	0.0379

表 4.6　锦州湾各排污口污染物最大允许排放量和海洋水环境容量　　（单位：t/a）

排污口	无机氮	活性磷酸盐	化学需氧量	Zn	Cu	Pb	Cd	Hg
1	266.61	27.38	2763.33	352.13	34.37	35.22	7.16	0.34
2	174.13	17.88	1804.78	229.98	22.45	23.00	4.68	0.22
3	114.77	11.79	1189.52	151.58	14.80	15.16	3.08	0.14
合计	555.51	57.05	5757.63	733.69	71.62	73.38	14.92	0.70

结果表明，在海洋功能区划Ⅳ类标准下，锦州湾化学需氧量的海洋水环境容量约为 5757.63t/a，无机氮的海洋水环境容量约为 555.51t/a，活性磷酸盐的海洋水环境容量约为 57.05t/a，Zn 的海洋水环境容量约为 733.69t/a，Cu 的海洋水环境容量约为 71.62t/a，Pb 的海洋水环境容量约为 73.38t/a，Cd 的海洋水环境容量约为 14.92t/a，Hg 的海洋水环境容量约为 0.70t/a。其中，排污口 1 最大允许排放量比例最大，占 48%左右，排污口 2 和排污口 3 分别占 31%和 21%。

4.3.3.4 结果与分析

海洋水环境容量的本质是对水质指标的当前值和控制值进行比较，关道明（2011）亦利用 ECOM 水动力模型计算了 2009 年 8 月锦州湾海洋水环境容量，本节将其研究成果与 MIKE 水动力-对流扩散模型的计算结果进行对比，具体结果见表 4.7。

表 4.7 不同计算方法计算的锦州湾海洋水环境容量结果

水质目标	计算方法	无机氮 /(t/a)	活性磷酸盐 /(t/a)	化学需氧量 /(t/a)	Zn /(t/a)	Pb /(t/a)	Cd /(t/a)
Ⅳ类	ECOM 水动力模型	1133	120	21540	2389	240	44
	MIKE 水动力-对流扩散模型	555.51	57.05	5757.63	733.69	73.38	14.92

结合表 4.7 对比发现，相比于 ECOM 模型的计算结果，MIKE 水动力-对流扩散模型的计算结果偏保守。MIKE 水动力-对流扩散模型将污染物作为保守物质处理，未考虑污染物在海洋环境中的生化降解作用，同时利用渤海湾的污染物浓度背景值作为本章计算的本底浓度，并选用低潮时污染物混合影响范围最大情景作为海洋水环境容量计算工况，因此基于 MIKE 水动力-对流扩散模型的海洋水环境容量计算结果较为保守，但可以为决策者提供更为严格的区域水环境管理标准。

4.4 本 章 小 结

本章提出了两种海洋水环境容量的计算方法：

一种是基于 GIS 的海洋水环境容量计算方法，通过 GIS 地统计分析插值模型和参数优化对研究区域的污染物指标和水深数据进行离散插值计算，从而对海洋水环境容量进行估算，这种方法在资料缺乏的情况下，作为海洋水环境容量的一种初步计算方法，是十分简便、有效的。

另一种是通过基于 MIKE 建立的锦州湾水动力-对流扩散模型，根据利用"干湿"边界条件模拟潮起潮落时海滩污染物浓度的变化，选用低潮时污染物混合影响范围最大情景作为海洋水环境容量计算工况，同时利用渤海湾的环境背景值作为锦州湾的污染物本底浓度，考虑污染物的本底浓度对海洋水环境容量的影响，模拟化学需氧量、无机氮、活性磷酸盐、Zn、Cu、Pb、Cd、Hg 的浓度响应系数场，再利用分担率法耦合最优化线性规划法，计算得到各污染物的最大允许排放量和海洋水环境容量。利用 MIKE 水动力-对流扩散模型计算得到的锦州湾化学需氧量的海洋水环境容量约为 5757.63t/a，无机氮的海洋水环境容量约为 555.51t/a，活性磷酸盐的海洋水环境容量约为 57.05t/a，Zn 的海洋水环境容量约为 733.69t/a，Cu 的海洋水环境容量约为 71.62t/a，Pb 的海洋水环境容量约为 73.38t/a，Cd 的海洋水环境容量约为 14.92t/a，Hg 的海洋水环境容量约为 0.70t/a。

参 考 文 献

丁东生, 2012. 渤海主要污染物环境容量及陆源排污管理区分配容量计算[D]. 青岛: 中国海洋大学.

范文宏, 张博, 陈静生, 等, 2006. 锦州湾沉积物中重金属污染的潜在生物毒性风险评价[J]. 环境科学学报, 26(6): 1000-1005.

冯静, 2011. MIKE21FM 数值模型在海洋工程环境影响评价中的应用研究[D]. 青岛: 中国海洋大学.

葛成凤, 2012. 铜、镉及磷在海洋沉积物上的吸附、解吸行为研究[D]. 青岛: 中国海洋大学.

关道明, 2011. 我国近岸典型海域环境质量评价和环境容量研究[M]. 北京: 海洋出版社.

郝嘉亮, 2013. 近岸海域水质动态评价及环境容量方法研究[D]. 大连: 大连海事大学.

柯丽娜, 2013. 辽宁省近岸海域环境问题与承载力分析研究[D]. 大连: 大连理工大学.

兰冬东, 梁斌, 马明辉, 等, 2013. 海洋环境容量分析在规划环境影响评价中的应用[J]. 海洋开发与管理, 30(8): 62-65.

李晋昌, 张红, 石伟, 2013. 汾河水库周边土壤重金属含量与空间分布[J]. 环境科学, 25(1): 116-120.

龙颖贤, 陈隽, 韩保新, 2014. 环北部湾经济区近岸海域环境容量研究[J]. 中山大学学报(自然科学版), 53(1): 83-88.

牟乃夏, 刘文宝, 王海银, 等, 2012. 地理信息系统教程[M]. 北京: 测绘出版社.

牛志广, 2004. 近岸海域水环境容量的研究[D]. 武汉: 武汉大学.

逄勇, 2010. 水环境容量计算理论及应用[M]. 北京: 科学出版社.

彭泰, 2012. 大连凌水湾海域环境容量研究[D]. 大连: 大连海事大学.

钱铁超, 2011. 浅水湖泊沉积物磷素迁移转化特征与生物作用影响机制研究[D]. 杭州: 浙江大学.

王俊杰, 2009. Mike21 在梁济运河长沟船闸防洪影响评价中的应用研究[D]. 济南: 山东大学.

武倩倩, 2006. 渤海近岸海域沉积物对 Cu^{2+}、Pb^{2+}吸附及 AVS 的研究[D]. 青岛: 中国海洋大学.

张玉凤, 宋永刚, 王立军, 等, 2011. 锦州湾沉积物重金属生态风险评价[J]. 水产科学, 30(3): 156-159.

朱静, 2007. 近岸海域水污染物输移规律及环境容量研究[D]. 南京: 河海大学.

第5章 辽宁省海岸带海洋资源、生态和环境承载状况评价

5.1 引 言

5.1.1 海洋资源、生态和环境承载力的起源和定义

5.1.1.1 承载力的定义及发展过程

承载力是衡量人类活动与自然环境关系的一个科学概念，主要用来衡量人类社会可持续发展的能力和程度。承载力起源于生态学、人口统计学和种群生物学，它反映了某种物质基础与其受载体之间的耦合关系，表现为物质基础所能维持的受载体的数量（狄乾斌等，2005）。

5.1.1.2 海域承载力的含义

近岸海域海洋资源、生态、环境和经济各要素间既相互影响又相互作用。社会经济发展消耗利用海洋资源，同时社会经济运行产生的工业污水、排放的固体废弃物又影响海洋生态环境。海洋资源、生态和环境承载力中人类社会经济发展、海洋资源供给能力及海洋生态与环境纳污能力之间的关系如图5.1所示。

1. 人类社会经济发展

人类活动是海洋资源、生态和环境系统的重要组成部分，更是实现海洋经济可持续发展的关键因素。在海洋资源、生态和环境系统中，人类活动是动态的，一方面，人类活动为海洋经济发展提供了必要的劳动力、技术和政策支持；另一方面，人口、经济的发展又对资源、生态和环境进行着索取，如果超过一定的限制值，人类社会必然会受到自然规律的惩罚。海洋资源、生态和环境的变化和发

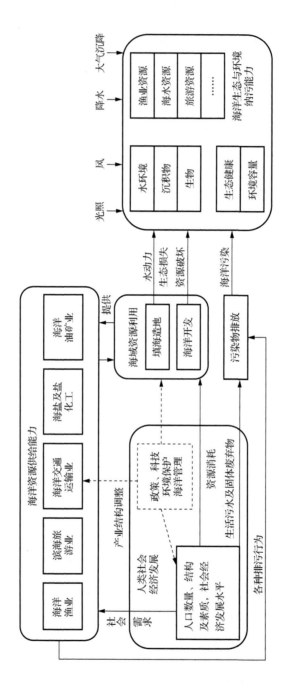

图 5.1 海洋资源、生态和环境承载力整体框架图

展受人类的影响和调控，影响与调控是否得当，将直接关系到海洋经济能否可持续发展。因此，人类活动是海洋资源、生态和环境承载力的关键因素，也是海洋资源、生态和环境承载力的核心承载对象。人类社会经济发展与海洋资源、生态和环境协调的程度，决定了一个地区海洋经济发展的规模和速度。

2. 海洋资源供给能力

一方面，海洋资源是海洋资源、生态和环境系统的组成部分，是人类赖以生存的条件和社会经济发展的物质基础；另一方面，海洋资源又是一种可以被耗竭的、可污染的、利害并存的资源。海洋经济的可持续发展是海洋资源在其承载力范围内，不断满足社会经济发展日益增长的体现。海洋资源供给能力包括海洋资源种类、数量、可供给量和潜在蕴藏量，是衡量海洋资源、生态和环境承载力的基本标准。这里海洋资源主要包括：海洋开发、旅游港口资源、渔业资源、油气矿产资源等。

3. 海洋生态与环境纳污能力

海洋生态与环境纳污能力是在一定的水质和环境目标下，海洋允许容纳的污染物的最大数量。海洋生态环境是海洋资源、生态和环境承载力的约束条件，人口、环境、社会经济的协调发展在海洋生态环境不被破坏的原则下实现。随着海洋生态环境的污染和破坏，海洋生态与环境纳污能力越来越受关注，已经成为海域承载力的首要衡量标准。

5.1.1.3　承载力的量化处理方法介绍——状态空间评价模型

20 世纪 80 年代至今，各领域的学者对承载力进行了广泛的研究，逐渐在理论上突破生物种群承载力方法，在考虑资源、环境等自然因素影响的基础上，开始分析科技进步、生活方式、经济贸易、环境效益、知识水平和管理能力等人类自身文化社会因素对承载力的作用，进一步形成了承载力研究的理论和方法。方法也从单一种群指标法逐渐发展到数学建模，体现了承载力系统化、多元化的特征。目前承载力计量研究主要有单要素分析法（鲁丰先，2009）、资源供需平衡法

（方文青，2009）、指标体系法（胡吉敏，2006）、系统模型法（荣绍辉，2009）4
大类方法。状态空间评价模型是系统模型法常用的一种评价模型，在此介绍一下
状态空间评价模型。

1. 状态空间评价模型的原理

状态空间评价模型是欧氏几何空间用于定量描述系统状态的一种有效分析
方法，对于多要素构成的复合系统，通常采用表示系统要素状态向量的三维状
态空间轴来进行描述，由状态空间中原点同系统状态点所构成的矢量模来定量
描述复合系统的承载状况。近年来，很多学者将状态空间评价模型用于海域承
载力计算，把海洋资源、生态和环境承载力构造成一个由人类社会经济发展轴、
海洋资源供给能力轴和海洋生态与环境纳污能力轴所组成的三维状态空间（狄
乾斌，2004）。

根据状态空间评价模型的思路，海洋资源、生态和环境承载力由人类社会经
济发展、海洋资源供给能力和海洋生态与环境纳污能力子系统构成，各子系统之
间相互影响、相互作用、相互制约，因此海洋资源、生态和环境承载力模拟成由
人类社会经济发展轴、海洋资源供给能力轴、海洋生态与环境纳污能力轴组成的
三维状态空间，如图 5.2 所示。在海洋资源、生态和环境承载力三维状态空间中，
每一点代表了某一时刻该位置处的海洋资源、生态、环境与人类社会活动的状况，
通过点的位置，可以判定不同状态下海洋资源、生态和环境承载力的具体情况。
例如状态空间承载力曲面 $X_{max}Y_{max}Z_{max}$ 上任意一点表现为人类社会经济发展对海
洋资源、生态和环境的需求；C 点处海洋资源、生态和环境达到最优配置状态；
曲面以外的 A 点表示人类社会经济活动强度过大，超出了海洋资源、生态和环境
的承载限度；B、D 点表示人类社会经济活动的影响尚处于海洋资源、生态和环境
承载范围之内。因此，可以通过状态空间中原点同系统状态点所构成的矢量模值
的大小衡量海洋资源、生态和环境承载力，其数学表达式为

$$\text{CMREE} = \sqrt{\sum_{i=1}^{n} W_i x_{ir}^2} \tag{5.1}$$

式中，x_{ir} 为海洋资源、生态和环境承载力经标准化处理后的空间坐标值，$i=1$,
$2,\cdots,n$；W_i 为 x_{ir} 轴的权重；CMREE 为海洋资源、生态和环境承载力的矢量模；

n 为选取的指标数量。

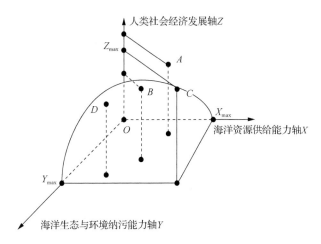

图 5.2　海洋资源、生态和环境承载力的状态空间评价模型图

2. 海洋资源、生态和环境承载状况的判断

对于海洋资源、生态和环境承载状况的判断，为了消除各指标间量纲不统一带来的麻烦，首先应对指标进行无量纲化处理，通常假定经过处理后的指标理想值为 $(1,1,1,\cdots,1)$（n 个），即状态空间承载力曲面 $X_{\max}Y_{\max}Z_{\max}$ 上任意一点与原点构成的矢量模为 1，则区域理想海洋资源、生态和环境承载力的大小为

$$\text{CMREE}^* = \sqrt{\sum_{i=1}^{n} W_i x_{ir}^{*2}} = 1 \qquad (5.2)$$

实际海洋资源、生态和环境承载力与理想承载力是存在差异的，通过海洋资源、生态和环境承载力矢量模（CMREE）与理想承载力矢量模（CMREE*）的大小进行比较，从而判断区域海洋资源、生态和环境的承载状况。判断准则为：

当 CMREE >1 时，海洋资源、生态和环境处于可承载状态；

当 CMREE =1 时，海洋资源、生态和环境处于临界承载状态；

当 CMREE <1 时，海洋资源、生态和环境处于超承载状态。

5.1.2　研究思路

　　资源、生态和环境承载力分析，关系到资源、生态、环境、社会和经济可持续发展的前景，是一项涉及面广、内容复杂的重要问题。目前，国内外关于海洋资源、生态和环境承载力的研究并不多，尚无统一和成熟的方法，关于承载力的标准界定也比较模糊。进行多指标、多级别的综合评价是目前关于海洋经济以及海洋资源、生态和环境承载力研究应用比较广泛的一种思路。秦娟（2009）在《沿海省市海洋环境承载力测评研究》一文中对比分析了我国沿海各地区海洋环境承载力的高低；谭映宇（2010）和狄乾斌（2004）采用状态空间评价模型确定了海洋资源、生态和环境承载力的理想状态值，得到了研究海域各年份海洋资源、生态和环境承载力的具体数值，由此确定了研究区域海洋资源、生态和环境承载状况。由于海洋资源、生态和环境承载力的特殊性，目前还尚未形成普遍适用的海洋资源、生态和环境承载力评价的指标体系，目前的研究也主要局限于对承载力的内涵进行定义，对可承载、临界承载、超承载状态进行定性描述，缺乏对可承载、超承载发展状态进行详细测度的定量方法，因此影响了人们对海洋资源、生态和环境承载状况的认识与判断。海洋资源、生态和环境承载力评价是一项涉及多指标、多因素综合作用的复杂系统，评价指标分级标准并没有明确的界限，具有模糊性，而且海洋资源、生态和环境发展在一定时空条件下具有相对动态性。因此，鉴于可变模糊识别模型（陈守煜，2012；陈守煜等，2011；陈守煜，2005）在处理多指标、多级别、非线性相关评价中具有的独特优势，本章将可变模糊识别模型引入海洋资源、生态和环境承载力评价研究中，根据海洋资源、生态和环境承载力评价表现出的模糊性和不确定性，选择不同参数的模型，再在状态空间评价模型理想值的基础上，确定包含理想承载力的样本对优、良、中、可、劣五级标准的隶属度，从而得到各年份承载力对理想承载力的相对值，判断其承载状况，具体技术路线见图5.3。通过与传统状态空间评价模型的对比分析可知，使用可变模糊识别模型得到的结果具有较好的可信度和参考度。

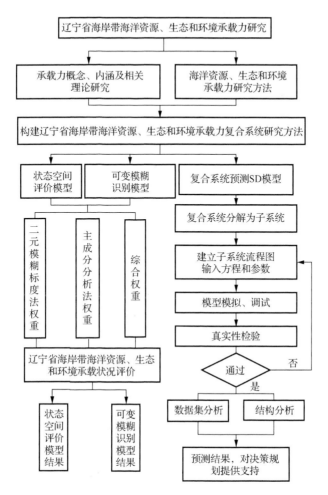

图 5.3　辽宁省海岸带海洋资源、生态和环境承载力研究技术路线

5.2　海洋资源、生态和环境承载力研究方法

5.2.1　海洋资源、生态和环境承载力评价指标体系的建立

本节根据海洋资源、生态和环境承载力的概念及内涵，海洋资源、生态和环境的特点及与人类社会的关系（刘宇，2012；李彬，2011；张林波等，2009；邓宗成等，2009；付会，2009），考虑人类社会发展，海洋经济状况，海洋开发程度，海洋旅游、渔业、油气矿产资源禀赋，海洋生态环境整治和保护水平，生态环境

污染等诸方面因素，结合指标数据获取的难易程度，一方面对相关研究中指标进行频度统计，选用使用频率较高的指标；另一方面咨询相关领域专家，对指标设置的合理性进行调整，同时结合主成分分析法排除相关性较大的指标，最终将海洋资源、生态和环境承载力评价指标体系分为四个层次：目标层（A）、类别层（B）、要素层（C）、指标层（D）。海洋资源、生态和环境承载力评价指标体系见表 5.1，结合指标资料收集的难易程度，本节共遴选了 14 个指标表达海洋资源、生态和环境承载能力的水平、变化的原因及驱动力因素等，力求全面地对海洋资源、生态和环境承载状况进行定量评价。

表 5.1 海洋资源、生态和环境承载力评价指标体系

目标层	类别层	要素层	指标层	类型	单位
海洋资源、生态和环境承载力 A	社会经济发展 B_1	社会经济 C_1	海洋生产总值占沿海地区 GDP 比重 D_1	正	%
			海洋第三产业比重 D_2	正	%
			人均 GDP D_3	正	万元
	海洋资源供给 B_2	海洋开发 C_2	海洋科技人员比重 D_4	正	%
			围填海开发规模 D_5	正	hm^2/a
		旅游港口资源 C_3	港口货物吞吐量 D_6	正	t/人
			旅游人数 D_7	正	万人/a
		渔业资源 C_4	海洋捕捞量 D_8	正	t/人
			海水养殖产量 D_9	正	t/人
		油气矿产资源 C_5	海洋原油产量 D_{10}	正	万 t/人
	海洋生态与环境 B_3	生态与环境 C_6	人均水资源量 D_{11}	正	m^3
			生态健康指数 D_{12}	正	—
			海水水质达标率 D_{13}	正	%
		生态环境污染 C_7	工业废水排放总量 D_{14}	负	万 t

5.2.2 基于可变模糊识别模型的海洋资源、生态和环境承载力计算

1. 可变模糊识别模型

可变模糊识别模型基于可变模糊集理论建立，已应用于自然、工程、管理等众多学科的多个实用领域（陈守煜，2005）。该模型有 4 种形式：

（1）$\alpha = 1$，$p = 1$ 时，

$$u_{hj} = (d_{hj} \cdot z_j)^{-1} \tag{5.3}$$

$$d_{hj} = \sum_{i=1}^{m} [w_{ij}(r_{ij} - s_{ih})], \qquad z_j = \sum_{k=a_j}^{b_j} (d_{kj})^{-1} \tag{5.4}$$

式中，h 为识别对象级别（$h = 1,2,\cdots,c$）；a_j 为样本 j 的级别下限值；b_j 为样本 j 的级别上限值；s_{ih} 为指标 i 级别 h 标准特征值的相对隶属度；d_{hj} 为样本 j 与级别 h 之间差异的广义权距离；d_{kj} 为样本 j 与级别 k 之间差异的广义权距离；u_{hj} 为样本 j 的模糊模式识别综合相对隶属度矩阵；r_{ij}（$i = 1,2,\cdots,m$；$j = 1,2,\cdots,n$）为样本 j 指标 i 特征值的相对隶属度；w_{ij} 为样本 j 指标 i 的权重。

（2）$\alpha = 1$，$p = 2$ 时，

$$d_{hj} = \left\{ \sum_{i=1}^{m} \left[w_{ij} (r_{ij} - s_{ih}) \right]^2 \right\}^{\frac{1}{2}} \tag{5.5}$$

u_{hj}、z_j 同式（5.3）和式（5.4）。

（3）$\alpha = 2$，$p = 1$ 时，

$$d_{hj} = \left\{ \sum_{i=1}^{m} \left[w_{ij} (r_{ij} - s_{ih}) \right] \right\}^2 \tag{5.6}$$

u_{hj}、z_j 同式（5.3）和式（5.4）。

（4）$\alpha = 2$，$p = 2$ 时，

$$d_{hj} = \sum_{i=1}^{m} \left[w_{ij} (r_{ij} - s_{ih}) \right]^2 \tag{5.7}$$

u_{hj}、z_j 同式（5.3）和式（5.4）。

最后，将综合相对隶属度代入级别特征值公式求出识别对象级别的特征值。

$$H(u) = \sum_{h=1}^{c} u_{hj} h \tag{5.8}$$

式中，$H(u)$ 为样本的识别对象级别特征值。

2. 基于可变模糊识别模型的海洋资源、生态和环境承载力计算方法

基于可变模糊识别模型的海洋资源、生态和环境承载力计算方法，结合状态空间评价模型中理想承载力的定义，将理想承载力作为一个识别样本加入到待计算承载力样本中，形成一个包含理想承载力计算的新样本，再利用可变模糊识别

模型计算样本的级别特征值，求取样本对理想承载力的级别特征值隶属度，最后求取样本的承载力值。具体过程如下：

（1）确定理想状态值，并将理想承载力指标值加入待计算承载力样本，得到包含理想承载力的新样本 $X = (x_1, x_2, x_3, \cdots, x_n, x_{理想})$。理想状态值的确定是基于可变模糊识别模型的海洋资源、生态和环境承载力计算方法的关键，往往需要花费大量的时间和精力，可与评价阶段相应的国内外规划方案、发展目标以及研究区域的实际数据相结合综合确定。

（2）确定海洋资源、生态和环境承载力评价模型各指标的变化区间。海洋资源、生态和环境承载力根据 m 个指标按 c 个级别的指标标准进行识别，形成多指标、多级别的指标标准区间矩阵：

$$Y_1 = \begin{bmatrix} < a_{12} & [a_{12}, b_{12}] & \cdots & [a_{1(c-1)}, b_{1(c-1)}] & > b_{1(c-1)} \\ > a_{22} & [a_{22}, b_{22}] & \cdots & [a_{2(c-1)}, b_{2(c-1)}] & < b_{2(c-1)} \\ \vdots & \vdots & & \vdots & \vdots \\ < a_{m2} & [a_{m2}, b_{m2}] & \cdots & [a_{m(c-1)}, b_{m(c-1)}] & > b_{m(c-1)} \end{bmatrix} \tag{5.9}$$

式中，a_{ih}、b_{ih} 分别为指标 i 级别 h 标准值区间的上、下限值。

海洋资源、生态和环境承载力的发展状态分为五个等级——优、良、中、可、劣，分别对应承载力标准等级值 5、4、3、2、1。

对于目前已存在普遍公认指标值的指标，根据国际标准、国家标准、地区规定进行设计拟定其分级标准值；对于目前不存在公认指标值的指标，根据指标的定义和内涵确定其理论取值范围，然后综合考虑国内外该指标的发展特点与趋势，合理设计拟定其分级标准值。

（3）建立级别标准值特征矩阵。在每个指标每个级别 h 的指标标准区间范围内，必存在一点 y_{ih}，使 y_{ih} 对于级别 h 的相对隶属度等于 1，y_{ih} 定义为指标 i 级别 h 的指标标准值。

y_{ih} 可根据承载力评价对象各指标对各等级优劣的隶属程度式（5.10）确定：

$$y_{ih} = \frac{c - h}{c - 1} a_{ih} + \frac{h - 1}{c - 1} b_{ih} \tag{5.10}$$

（4）指标特征值矩阵 R 与指标标准值特征矩阵 S 标准化。

$$R = (r_{ij}), \quad i = 1, 2, \cdots, m; \quad j = 1, 2, \cdots, n+1$$

$$S = (s_{ih}), \quad i = 1, 2, \cdots, m; \quad h = 5$$

（5）计算样本 X 对级别 h 的单指标级别隶属度。

样本 X 指标 i 的特征值 x_i 落入级别 h 与级别 $(h+1)$ 相对隶属度为 1 的特征值矩阵的标准值区间 $\left[S_{ih}, \ S_{i(h+1)} \right]$ 内，则 x_i 对级别 h 的相对隶属度为

$$\mu_{ih} = \frac{S_{i(h+1)} - x_i}{S_{i(h+1)} - y_{ih}}, \quad h = 1, 2, \cdots, c \tag{5.11}$$

根据对立统一可变模糊集定理，级别 h 与级别 $(h+1)$ 构成对立模糊概念，因此

$$\mu_{ih} + \mu_{i(h+1)} = 1 \tag{5.12}$$

$$\mu_{i(h+1)} = 1 - \mu_{ih} \tag{5.13}$$

（6）根据式（5.3）～式（5.7）计算样本 X 对级别 h 的综合相对隶属度。

（7）根据式（5.8）计算样本 X 级别特征值。

（8）参考状态空间评价模型的原理，以理想承载力级别特征值为基数，对样本 X 级别特征值进行归一化，得到与状态空间评价模型类似的承载力值。

$$\text{CMREE} = H_i / \tilde{H} \tag{5.14}$$

式中，CMREE 为海洋资源、生态和环境承载力；$\tilde{H}$ 为理想承载力级别特征值；H_i 为待计算承载力样本级别特征值。

基于可变模糊识别模型的海洋资源、生态和环境承载力计算方法的步骤如图 5.4 所示。

3. 指标数据标准化处理

原始数据获得后，由于各类指标量纲不同，数据量级差别较大，不能直接用于计算，需要对指标数据进行标准化处理。本章利用资源存量与需求量、海洋生态环境实际值与理想状态值进行比值运算，从而对各指标数据进行标准化处理。有些指标对海洋资源、生态和环境承载力的贡献是正向的，称为正功效指标；有些指标对海洋资源、生态和环境承载力的贡献是负向的，称为负功效指标。其数学公式如下：

$$\text{正功效指标：} \quad r_{ij} = \frac{x_{ij}}{x'_{ij}} \tag{5.15}$$

$$\text{负功效指标：} \quad r_{ij} = \frac{x'_{ij}}{x_{ij}} \tag{5.16}$$

式中，r_{ij} 为指标标准化处理后的数值；x_{ij} 为指标原始数据；x'_{ij} 为指标的理想状态值。

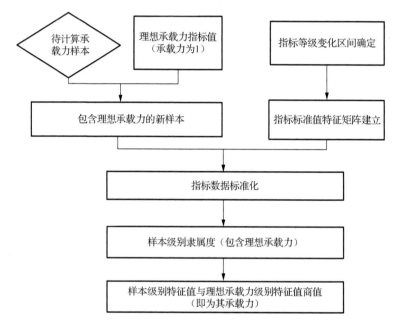

图5.4　基于可变模糊识别模型的海洋资源、生态和环境承载力计算方法的步骤

4. 指标权重计算方法

不论是传统的状态空间评价模型还是本章提出的基于可变模糊识别模型的海洋资源、生态和环境承载力计算方法都要用到权重，目前根据研究对象的不同和原始数据获取方法的差异，权重计算方法可以分为经验赋权法和数学赋权法。经验赋权法主要根据行业内学者和专家的经验得到权重，有 Delphi 法、层次分析法、二元模糊标度法（陈守煜，2005）等。数学赋权法主要通过原始实际数据直接计算得到权重，常用的有熵权法、灰色关联度分析法、主成分分析法和相关系数法等。本章综合考虑经验权重和数学权重的优点，采用主成分分析法（傅湘等，1999）

和二元模糊标度法进行组合运算，最终确定各指标的综合权重，并分别计算评价指标采用二元模糊标度法、主成分分析法和综合权重法三种权重计算方法的辽宁省海岸带海洋资源、生态和环境承载力。

5.3　实例研究

5.3.1　评价指标数据来源

　　辽宁省海岸带海洋资源、生态和环境承载力评价指标中海水养殖产量、海洋捕捞量等海洋产业指标数据主要来源于中国海洋年鉴、中国海洋统计年鉴及辽宁省海洋经济统计公报等；海水水质达标率、生态健康指数等环境指标数据主要来源于中国海洋年鉴、中国海洋环境质量公报、辽宁省海洋生态环境状况公报及辽宁省统计年鉴等。围填海开发规模指标数据通过遥感影像进行面积量算。其中大部分指标数据可以通过统计年鉴直接获取，少量指标数据需经过计算获取。

5.3.2　评价指标权重的计算

5.3.2.1　利用二元模糊标度法确定经验权重

1. 二元模糊标度法原理

设系统有待进行重要性比较的目标集：

$$P = \{p_1, p_2, \cdots, p_m\} \qquad (5.17)$$

式中，p_i 表示系统目标集中的目标 i，$i = 1, 2, \cdots, m$；m 为目标总数。目标集中的元素 p_k 与 p_l（$k = 1, 2, \cdots, m$；$l = 1, 2, \cdots, m$）作二元比较：

（1）若 p_k 比 p_l 重要，则重要性排序标度 $e_{kl} = 1$，$e_{lk} = 0$；

（2）若 p_k 与 p_l 同样重要，则 $e_{kl} = 0.5$，$e_{lk} = 0.5$；

（3）若 p_l 比 p_k 重要，则 $e_{kl} = 0$，$e_{lk} = 1$。

得到目标集关于重要性的二元比较矩阵：

$$E = \begin{bmatrix} e_{11} & e_{12} & \cdots & e_{1m} \\ e_{21} & e_{22} & \cdots & e_{2m} \\ \vdots & \vdots & & \vdots \\ e_{m1} & e_{m2} & \cdots & e_{mm} \end{bmatrix} = [e_{kl}] \tag{5.18}$$

满足

$$\begin{cases} e_{kl}\text{仅在}0、0.5、1\text{中取值} \\ e_{kl} + e_{lk} = 1 \\ e_{kk} + e_{ll} = 0.5, \quad k = l \end{cases} \tag{5.19}$$

根据排序一致性标度矩阵 E 各行和数由大到小排列，得出目标集在满足一致性条件下关于重要性的排序。

接下来对目标集就重要性按照表 5.2 作二元比较排序，得到二元比较矩阵

$$\beta = \begin{bmatrix} \beta_{11} & \beta_{12} & \cdots & \beta_{1m} \\ \beta_{21} & \beta_{22} & \cdots & \beta_{2m} \\ \vdots & \vdots & & \vdots \\ \beta_{m1} & \beta_{m2} & \cdots & \beta_{mm} \end{bmatrix} = [\beta_{ij}] \tag{5.20}$$

且满足条件

$$\begin{cases} 0 \leqslant \beta_{ij} \leqslant 1, \quad i \neq j \\ \beta_{ij} + \beta_{ji} = 1 \\ \beta_{ij} = 0.5, \quad i = j \end{cases} \tag{5.21}$$

式中，β 为关于重要性的有序二元比较矩阵；β_{ij} 为目标 i 相对于目标 j 的重要性程度。作二元比较时，β_{ij} 为目标 i 对于目标 j 的重要性模糊标度；β_{ji} 为目标 j 对于目标 i 的重要性模糊标度；i、j 为排序下标。再对矩阵模糊标度值 β_{st} 求和，并进一步归一化得到目标集的权向量 $w = (w_1, w_2, \cdots, w_m)$。

表 5.2　模糊语气算子与模糊标度关系表

模糊语气算子	模糊标度	模糊语气算子	模糊标度
同样	0.50	十分	0.775 0.80
稍稍	0.525 0.55	非常	0.825 0.85
略为	0.575 0.60	极其	0.875 0.90
较为	0.625 0.65	极端	0.925 0.95
明显	0.675 0.70	无可比拟	0.975 1.0
显著	0.725 0.75		

2. 二元模糊标度法权重计算

以社会经济 C_1 要素层的海洋生产总值占沿海地区 GDP 比重 D_1、海洋第三产业比重 D_2、人均 GDP D_3 3 项指标权重为例,来说明二元模糊标度法权重的具体确定方法。

运用经验知识对各指标关于重要性程度进行二元比较判断,得出 D_2 与 D_1 相比,"略为"重要;D_3 与 D_1 相比,"明显"重要;D_3 与 D_2 相比,"略为"重要。因此根据表 5.2 中的模糊语气算子与模糊标度对应关系,确定 3 项指标二元比较矩阵 β 为

$$\beta = \begin{bmatrix} 0.5 & 0.4 & 0.3 \\ 0.6 & 0.5 & 0.4 \\ 0.7 & 0.6 & 0.5 \end{bmatrix}$$

以矩阵每行模糊标度值的和来表示指标非归一化的权重向量,即

$$w = \left(\sum_{t=1}^{m} \beta_{1t}, \sum_{t=1}^{m} \beta_{2t}, \sum_{t=1}^{m} \beta_{3t} \right) = (1.2, 1.5, 1.8)$$

对模糊标度得到的参评指标矩阵进行归一化处理，从而得到社会经济要素层 3 项指标的二元模糊标度法权重为

$$w = (0.267, 0.333, 0.400)$$

同理可得其他指标的二元模糊标度法权重，本节不再赘述，最后计算得到的各指标二元模糊标度法权重见表 5.3。

表 5.3　辽宁省海岸带海洋资源、生态和环境承载力评价指标权重

目标层	类别层	要素层	指标层	二元模糊标度法权重	主成分分析法权重	综合权重
海洋资源、生态和环境承载力 A	社会经济发展 B$_1$	社会经济 C$_1$	海洋生产总值占沿海地区 GDP 比重 D$_1$	0.0396	0.0398	0.0458
			海洋第三产业比重 D$_2$	0.0481	0.0403	0.0564
			人均 GDP D$_3$	0.0512	0.0367	0.0547
	海洋资源供给 B$_2$	海洋开发 C$_2$	海洋科技人员比重 D$_4$	0.0188	0.0083	0.0045
			围填海开发规模 D$_5$	0.023	0.0457	0.0306
		旅游港口资源 C$_3$	港口货物吞吐量 D$_6$	0.042	0.0409	0.0500
			旅游人数 D$_7$	0.031	0.0301	0.0271
		渔业资源 C$_4$	海洋捕捞量 D$_8$	0.0462	0.0213	0.0286
			海水养殖产量 D$_9$	0.0387	0.0456	0.0513
		油气矿产资源 C$_5$	海洋原油产量 D$_{10}$	0.0335	0.0513	0.0500
	海洋生态与环境 B$_3$	生态与环境 C$_6$	人均水资源量 D$_{11}$	0.0252	0.023	0.0169
			生态健康指数 D$_{12}$	0.0132	0.0357	0.0137
			海水水质达标率 D$_{13}$	0.0132	0.0245	0.0094
		生态环境污染 C$_7$	工业废水排放总量 D$_{14}$	0.0413	0.0391	0.0470

5.3.2.2　主成分分析法确定数学权重

本节利用统计产品与服务解决方案（statistical product and service solutions，SPSS）软件降维因子分析法对辽宁省海岸带海洋资源、生态和环境承载力指标体系的 14 个指标进行主成分分析，得到方差分解主成分提取分析表（表 5.4）和初始因子载荷矩阵。

表 5.4　方差分解主成分提取分析表

主成分	初始特征值			提取平方和载入		
	合计	占方差的比例/%	累积贡献率/%	合计	占方差的比例/%	累积贡献率/%
1	14.189	54.573	54.573	14.189	54.573	54.573
2	4.426	17.024	71.597	4.426	17.024	71.597
3	3.499	13.456	85.053	3.499	13.456	85.053
4	2.478	9.532	94.585	2.478	9.532	94.585
5	1.408	5.415	100.000	1.408	5.415	100.000

根据主成分提取原则——累计贡献率≥85%的前 m 个主成分，各主成分对应的特征值大于 1，提取主成分。表 5.4 中前 3 个主成分累计贡献率为 85.053%，大于 85%，因此提取前 3 个主成分。

最后，通过初始因子载荷矩阵和主成分相应的特征根，求得 3 个主成分如下：

$$F_1 = 0.995X_1 + 0.979X_2 + 0.538X_3 + 0.989X_4 + 0.866X_5 + 0.798X_6 - 0.203X_7$$
$$+ 0.779X_8 + 0.138X_9 - 0.854X_{10} - 0.451X_{11} + 0.993X_{12} + 0.986X_{13} - 0.709X_{14}$$

$$F_2 = 0.086X_1 + 0.201X_2 + 0.145X_3 + 0.023X_4 - 0.331X_5 + 0.478X_6 - 0.438X_7$$
$$- 0.222X_8 - 0.304X_9 - 0.316X_{10} + 0.555X_{11} - 0.093X_{12} - 0.112X_{13} + 0.233X_{14}$$

$$F_3 = 0.028X_1 + 0.024X_2 + 0.536X_3 + 0.096X_4 - 0.151X_5 - 0.323X_6 + 0.492X_7$$
$$- 0.585X_8 - 0.852X_9 - 0.232X_{10} - 0.014X_{11} - 0.038X_{12} - 0.113X_{13} + 0.213X_{14}$$

式中，F_1、F_2、F_3 分别为主成分 1、主成分 2、主成分 3；$X_1, X_2, \cdots, X_{14}$ 分别为指标 $D_1, D_2, \cdots, D_{14}$。

以每个主成分的特征值与总主成分特征值和之比作为权重，得到主成分综合模型如下：

$$F = 0.660X_1 + 0.672X_2 + 0.401X_3 + 0.655X_4 + 0.465X_5 + 0.557X_6 - 0.140X_7$$
$$+ 0.363X_8 - 0.107X_9 - 0.648X_{10} - 0.281X_{11} + 0.612X_{12} + 0.592X_{13} - 0.375X_{14}$$

式中，F 为总主成分。

综合模型中每个指标所对应的系数即为指标的权重，对特征向量系数进行归一化处理，得到各指标主成分分析法权重如表 5.3 所示。

5.3.2.3　综合权重确定

各指标的综合权重为

$$w_i = (w_{i1}w_{i2}) / \sum_{i=1}^{m} w_{i1}w_{i2} \qquad （5.22）$$

式中，w_{i1} 为第 i 个指标由二元模糊标度法确定的经验权重；w_{i2} 为第 i 个指标由主成分分析法确定的数学权重。

将前面计算得到的数学权重和经验权重带入式（5.22）中，并将计算结果归一化，最终得到各指标的综合权重见表 5.3。

5.3.3　理想状态值确定

理想状态值的确定是基于可变模糊识别模型的海洋资源、生态和环境承载力计算方法的关键，对海洋资源、生态和环境承载状况的判断十分重要。一般来说，指标理想状态值的确定要考虑以下两个方面：一是要与区域的规划发展政策相结合，指标理想状态值应体现区域未来一段时间内经济发展和环境保护的目标；二是要考虑区域海洋资源、生态和环境系统的可持续发展，指标理想状态值的确定既要保证区域社会经济的发展和人民生活质量的提高，又要保护海洋生态环境质量。

实际操作过程可结合研究区域的实际情况，综合运用多种方法确定理想状态值。一是可以以研究区域相应国际国内标准、行业规定或相关规划方案、发展目标等作为理想状态值；二是考虑海洋资源、生态和环境系统的可持续发展以及指标的正负效应，以阶段内指标最大值或最小值作为理想状态值；三是可以采用问卷调查的方法征集研究区域相关专家、学者或政府决策部门的意见，并确定理想状态化定量数据。另外，有些没有相关国际国内标准以及规划目标的指标，其理论取值范围可以根据指标的定义和内涵确定，然后综合考虑该指标的发展特点与趋势，结合软件插值功能，合理设计和拟定其理想状态值，如海洋第三产业比重、海水水质达标率等指标。本章综合运用上述多种方法来最终确定辽宁省海岸带海洋资源、生态和环境承载力各项指标的理想状态值，具体见表 5.5，并将理想承载力作为样本加入待计算承载力样本中构成承载力计算新样本。

表 5.5　2005～2015 年辽宁省海岸带海洋资源、生态和环境承载力评价指标数据和理想状态值

指标	2005 年	2006 年	2007 年	2008 年	2009 年	2010 年	2011 年	2012 年	2013 年	2014 年	2015 年	理想状态值
海洋生产总值占沿海地区GDP比重/%	26.10	31.27	30.89	29.85	30.00	31.40	30.00	26.54	27.23	28.77	26.08	28.92
海洋第三产业比重/%	35.00	36.60	37.70	36.10	42.40	44.50	43.70	47.30	49.20	53.30	53.30	69.29
人均 GDP/千元	12.60	14.50	17.10	20.70	22.10	26.60	31.90	35.80	38.60	38.10	37.40	50.18
海洋科技人员比重/%	12.20	12.94	13.44	13.62	13.36	13.45	13.46	13.31	12.97	12.90	13.85	18.01
围填海开发规模/hm²	1965	623	990	1477	3116	3008	611	795	1371	951	918	1438
港口货物吞吐量/万 t	29131	35658	41492	48684	55259	67790	78344	88502	98354	103658	104859	68339
旅游人数/万人	4061	4901	6150	7735	9800	11655	13586	15225	16898	19223	18366.5	11600
海洋捕捞量/万 t	152.04	148.17	116.62	147.83	148.31	100.74	106.16	107.93	107.93	107.60	110.79	123.10
海水养殖产量/万 t	212.13	222.39	185.54	263.76	289.62	231.5	243.52	263.56	282.76	289.05	294.2	252.55
海洋原油产量/t	18.99	19.03	23.17	22.80	15.00	13.01	10.75	14.25	11.29	48.27	52.99	22.69
人均水资源量/m³	620.00	615.50	610.80	617.70	396.00	606.66	673.20	547.30	463.14	332.40	408.10	875.16
生态健康指数	48.0	50.0	65.7	62.3	61.5	58.9	58.9	57.3	63.5	59.3	64.1	85.4
海水水质达标率/%	86.00	90.20	95.20	95.20	94.00	93.00	93.00	93.00	95.30	93.00	94.70	100.00
工业废水排放总量/万 t	36402	37393	38109	30378	28479	30913	37032.09	28246.86	51709	40150	26598	18618

5.3.4　基于可变模糊识别模型的辽宁省海岸带海洋资源、生态和环境承载力计算

首先确定基于可变模糊识别模型的海洋资源、生态和环境承载力计算方法各评价指标的变化区间,建立级别标准值特征矩阵,再根据式(5.11)~式(5.13),求得评价对象对级别的综合相对隶属度,从而求得含有理想承载力样本的级别特征值,结果如表5.6和图5.5所示。

表5.6　2005~2015年辽宁省海岸带海洋资源、生态和环境承载状况级别特征值

	2005 年	2006 年	2007 年	2008 年	2009 年	2010 年
主成分分析法权重	2.44	2.35	2.10	2.73	3.14	2.65
二元模糊标度法权重	2.29	2.22	2.28	2.78	3.26	2.92
综合权重	1.89	1.95	1.97	2.45	2.85	2.49
	2011 年	2012 年	2013 年	2014 年	2015 年	理想承载力
主成分分析法权重	2.85	3.03	3.73	4.07	4.04	4.54
二元模糊标度法权重	2.74	2.96	3.59	4.11	4.12	4.41
综合权重	2.69	2.94	3.68	4.19	4.20	4.52

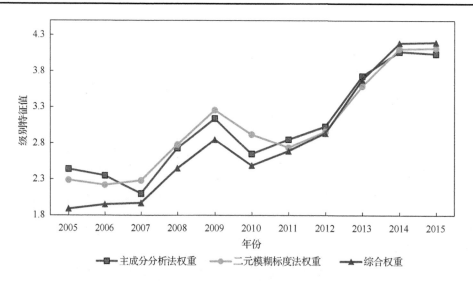

图 5.5　2005~2015 年辽宁省海岸带海洋资源、生态和环境承载状况级别特征值（见书后彩图）

然后根据式(5.14),将样本级别特征值归一化即可得到样本资源、生态和环境承载力,如表5.7和图5.6所示。

表 5.7　2005～2015 年辽宁省海岸带海洋资源、生态和环境承载力

	2005 年	2006 年	2007 年	2008 年	2009 年	2010 年
主成分分析法权重	0.54	0.53	0.47	0.61	0.71	0.60
二元模糊标度法权重	0.52	0.50	0.52	0.63	0.74	0.66
综合权重	0.42	0.43	0.44	0.54	0.63	0.55
	2011 年	2012 年	2013 年	2014 年	2015 年	理想承载力
主成分分析法权重	0.64	0.68	0.84	0.91	0.91	1
二元模糊标度法权重	0.62	0.67	0.81	0.93	0.93	1
综合权重	0.60	0.65	0.81	0.93	0.93	1

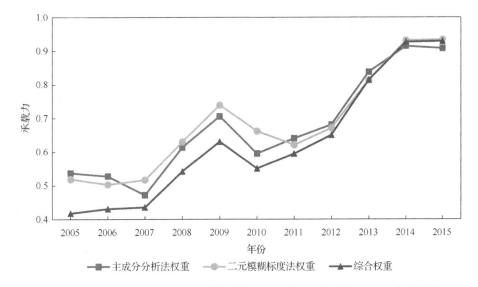

图 5.6　2005～2015 年辽宁省海岸带海洋资源、生态和环境承载力（见书后彩图）

　　根据计算结果可以看出：基于可变模糊识别模型得到的辽宁省海岸带海洋资源、生态和环境承载力从 2005 年到 2015 年一直都处于超载状态，总体呈现先上升再下降再上升的趋势。2005～2009 年辽宁省海岸带海洋资源、生态和环境承载力呈波动上升趋势，2005～2007 年辽宁省海岸带海洋资源、生态和环境承载力缓慢上升，2007～2009 年辽宁省海岸带海洋资源、生态和环境承载力快速上升。究其原因，2005～2009 年，辽宁省海岸带生态健康指数、海洋原油产量较高，且该阶段内围填海开发规模较大，海岸带资源供给能力相对较强，因此该阶段辽宁省海岸带海洋资源、生态和环境承载力处于增长趋势。2010 年辽宁省海岸带海洋资

源、生态和环境承载力有所回落，随着 2005～2009 年辽宁省海岸带资源的高强度开发，辽宁省海洋环境逐渐恶化，其负面影响凸显，2009～2011 年伴随着辽宁省海洋捕捞量和养殖产量的下降，工业废水和固体废弃物排放量增多，使得这一期间辽宁省海域承载力呈现下降趋势。2011 年以来辽宁省海洋环境逐渐得到改善，废水废弃物排放量，海水氨氮、活性磷酸盐和石油类含量均有一定程度的下降，海洋旅游人数相对增加，养殖面积和养殖产量增长，因此辽宁省海域承载力整体呈现增长趋势。

5.4　本章小结

海洋资源、生态和环境承载力的分析关系到海洋相关产业可持续发展的前景，是一项涉及面广、内容复杂的重要问题。目前，国内外关于海洋资源、生态和环境承载力的研究并不多，尚无统一和成熟的方法，关于承载力的标准界定也比较模糊。本章基于理想值，结合可变模糊识别模型，建立了辽宁省海岸带海洋资源、生态和环境承载力计算方法，确定包含理想承载力的样本对优、良、中、可、劣五级标准的隶属度，通过隶属度的对比得出各年份承载力对理想承载力的相对值，从而判断其可承载状态。结果显示 2005～2015 年辽宁省海岸带海洋资源、生态和环境承载力一直都处于超载状态，总体呈现先上升再下降再上升的趋势，这与辽宁省实际状况相符，因此使用基于可变模糊识别模型的海洋资源、生态和环境承载力计算方法得到的结果具有较强的可信度和参考度。

参 考 文 献

陈守煜, 2005. 工程可变模糊集理论与模型——模糊水文水资源学数学基础[J]. 大连理工大学学报, 45(2): 308-312.

陈守煜, 2012. 可变——可变模糊集的发展及其在水资源系统中的应用[J]. 数学的实践与认识, 42(1): 92-101.

陈守煜, 王子茹, 2011. 基于对立统一与质量互变定理的水资源系统可变模糊评价新方法[J]. 水利学报, 42(3): 253-261, 270.

狄乾斌, 韩增林, 2005. 海域承载力的定量化探讨——以辽宁海域为例[J]. 海洋通报, 24(1): 47-55.

狄乾斌, 2004. 海域承载力的理论、方法与实证研究——以辽宁海域为例[D]. 大连: 辽宁师范大学.

邓宗成, 孙英兰, 周皓, 等, 2009. 沿海地区海洋生态环境承载力定量化研究——以青岛市为例[J]. 海洋环境科学, 28(4): 438-441, 459.

方文青, 2009. 德州市水资源承载力研究[D]. 济南: 山东大学.

付会, 2009. 海洋生态承载力研究——以青岛市为例[D]. 青岛: 中国海洋大学.

傅湘, 纪昌明, 1999. 区域水资源承载能力综合评价: 主成分分析法的应用[J]. 长江流域资源与环境, 8(2): 168-173.

胡吉敏, 2006. 沿海地区水资源承载力评价研究[D]. 大连: 大连理工大学.

鲁丰先, 2009. 河南省综合生态承载力研究[D]. 开封: 河南大学.

李彬, 2011. 资源与环境视角下的我国区域海洋经济发展比较研究[D]. 青岛: 中国海洋大学.

刘宇, 2012. 资源、环境双重约束下辽宁省产业结构优化研究[D]. 沈阳: 辽宁大学.

秦娟, 2009. 沿海省市海洋环境承载力测评研究[D]. 青岛: 中国海洋大学.

荣绍辉, 2009. 基于 SD 仿真模型的区域水资源承载力研究[D]. 武汉: 华中科技大学.

谭映宇, 2010. 海洋资源、生态和环境承载力研究及其在渤海湾的应用[D]. 青岛: 中国海洋大学.

张林波, 李文华, 刘孝富, 等, 2009. 承载力理论的起源、发展与展望[J]. 生态学报, 29(2): 878-888.

第6章 辽宁省海岸带海洋资源、生态和环境承载状况预测

6.1 引　言

协调好人类社会经济发展、海洋资源供给及海洋生态环境之间的关系成为实现海岸带可持续发展的迫切需要。随着近年来辽宁省海洋经济与社会的迅猛发展，辽宁省海岸带开发活动引起了一系列的海洋环境问题。因此如何协调好海洋资源、生态和环境与人类社会经济发展之间的关系，是当前辽宁省海岸带可持续发展亟待解决的问题。海洋资源、生态和环境系统是一个复杂的动态系统，并始终处于动态变化中，系统内各子系统之间相互依存、相互制约、相互作用。本章将从系统的整体性和动态性角度出发来研究海洋资源、生态和环境承载力的行为，对2005～2025年辽宁省海岸带海洋资源、生态和环境承载力在不同发展方案下的变化趋势进行预测，以期为辽宁省人类社会经济活动与海洋资源、生态和环境的协调发展提供参考，为海洋开发与管理以及区域协调发展提供科学依据和决策支持。

6.2　海洋资源、生态和环境承载力预测模型

系统动力学（system dynamic，SD）方法由美国麻省理工学院 J. W. Forrester于 20 世纪 50 年代中期创立，是一种以反馈控制理论为基础，以计算机仿真技术为手段，能够对复杂社会经济系统进行定量研究的科学方法，可对长期的战略措施进行有效的分析并提供参考依据（王俭等，2009）。

运用系统动力方法对承载力进行研究的有：王建华等（1999）以乌鲁木齐为

例对干旱区城市水资源承载力进行了预测研究；阿琼（2008）建立了天津市水资源承载力系统动力学模型，并对 2004～2020 年天津市人口、经济、水资源供需、水环境负荷等方面的变化趋势进行了分析；谭映宇（2010）采用 Vensim PLE 软件构建系统动力学模型对渤海湾海洋资源、生态和环境承载力进行了预测，等等。

　　本章采用 Vensim PLE 5.10a 软件构建系统动力学模型。Vensim PLE 5.10a 软件是 Windows 下的可视化软件，可以通过图示化编程建立模型，提供结构分析和数据集分析等在内的多种分析方式，如图 6.1 和图 6.2 所示。

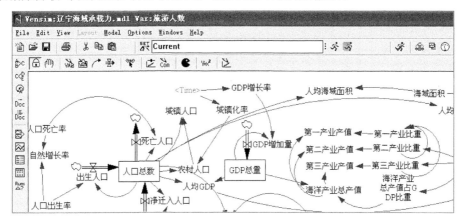

图 6.1　Vensim PLE 5.10a 主页面图

Time (Year)	"水资源量" Runs:	水资源量	"人均水资源量" Runs:	人均水资源量	"工业废水排放总量" Runs:	工业废水排放总量
2005	Runs:	1.08258e+006	Runs:	620	Runs:	36402
2006	Current	1.07992e+006	Current	615.4	Current	37255.5
2007		1.07721e+006		610.8		38109
2008		892238		503.4		33294
2009		705389		396		28479
2010		2.49213e+006		1392.1		30913
2011		2.54341e+006		1413.68		30330.4
2012		2.59515e+006		1435.26		29747.8
2013		2.64734e+006		1456.84		29165.2
2014		2.69999e+006		1478.42		28582.6
2015		2.75309e+006		1500		28000

图 6.2　Vensim PLE 5.10a 数据显示和输出图

　　使用 Vensim PLE 5.10a 软件构建系统动力学模型的一般过程如图 6.3 所示。

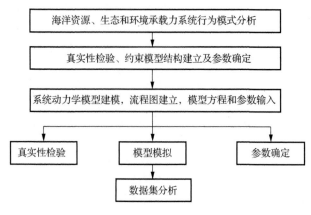

图6.3 系统动力学模型建模程序

6.3 模型的流程图和主要方程

系统动力学模型作为研究复杂系统的有效方法，已被越来越多的研究人员所采用，它通过一阶微分方程组来反映系统各模块变量之间的因果反馈关系，利用图示化表达模型因果关系，建立反馈回路的系统流程图，再通过数学公式编辑器输入方程和参数，从而对海洋资源、生态和环境承载力指标体系中各指标值变量进行预测。

本章使用 Vensim PLE 5.10a 软件作为平台，共选取 55 个变量（包括状态变量、辅助变量和常数量等）构建辽宁省海岸带海洋资源、生态和环境承载力系统动力学模型。所建模型的时间跨度为 21 年（2005~2025 年），以 2005 年为基准年，计算步长为 1 年，以"十二五"规划、"十三五"规划、"十四五"规划为主要预测目标进行模型模拟。模型涉及的有关数据，主要来源于相关政府部门发布的辽宁省环境状况公报、辽宁省海洋环境状况公报、辽宁省海洋经济统计公报、辽宁省统计年鉴以及中国海洋年鉴、中国海洋统计年鉴等，同时参考了预测期内的《辽宁省"十三五"规划纲要》《辽宁省海洋与渔业发展"十三五"规划》《辽宁省海洋功能区划（2011—2020 年）》等相关规划以及相关的研究成果。

辽宁省海岸带海洋资源、生态和环境承载力系统动力学模型预测中辅助变量通过表函数、曲线回归模型及灰色模型 GM(1,1) 综合确定，具体预测方程如下：

工业废水排放量 GM(1,1)，单位为万 t：

$$Y(t) = -558824\mathrm{e}^{-0.07008t+140.5095} + 558824\mathrm{e}^{-0.07008t+140.5796}$$

海水无机氮含量 GM(1,1)，单位为 mg/L：

$$Y(t) = -4.95375\mathrm{e}^{-0.104125t+208.7703} + 4.95375\mathrm{e}^{-0.104125t+208.8744}$$

海水活性磷酸盐含量 GM(1,1)，单位为 mg/L：

$$Y(t) = -0.2263\mathrm{e}^{-0.187161t+375.2572} + 0.2263\mathrm{e}^{-0.187161t+375.2572}$$

辽宁省海岸带海洋资源、生态和环境承载力系统动力学模型预测流程图（图 6.4）及主要方程如下：

（1）INITIALTIME=2005

（2）FINALTIME=2025

（3）TIMESTEP=1

（4）SAVEPER=TIME STEP

（5）人口死亡率=0.05

（6）人口自然增长率=人口出生率-人口死亡率

（7）人口出生率=0.053-STEP(0.004,2010)

（8）出生人口=人口总数×人口出生率

（9）人口净迁入率=0.002

（10）人口总数=INTEG(净迁入人口+出生人口-死亡人口,1746.1)

（11）死亡人口=人口总数×人口死亡率

（12）农村人口=人口总数×(1-城镇化率)

（13）人均 GDP=GDP 总量/人口总数

（14）净迁入人口=人口总数×人口净迁入率

（15）城镇人口=人口总数-农村人口

（16）城镇化率=WITH LOOKUP(Time, {[(2005,0.0.562)–(2025,0.88)],(2005, 0.562), (2008,0.600695), (2010,0.61),(2015,0.7),(2020,0.8),(2025,0.88)}})

（17）GDP 增长率=WITH LOOKUP(Time, {[(2005,0.18)–(2025,0.06)], (2005,0.18), (2007,0.20), (2010,0.10),(2011,0.2),(2013,0.03),(2015,0.02),(2020,0.06), (2025,0.06)}})

（18）GDP 增加量= GDP 总量×GDP 增长率

（19）GDP 总量=INTEG(GDP 增加量,3.988e+007)

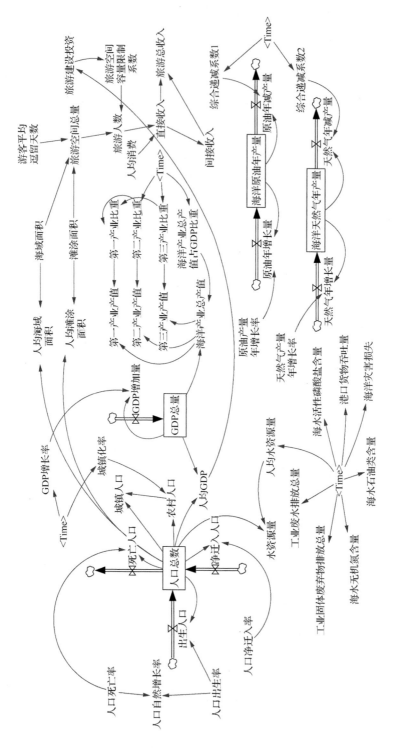

图 6.4　辽宁省海岸带海洋资源、生态和环境承载力系统动力学模型预测流程图

（20）人均水资源量=WITH LOOKUP(Time,{[(2005,620)–(2025,600)], (2005, 620),(2007,610.8),(2009,396),(2010,1392.1),(2011,703),(2012,534),(2013,1055), (2014,367),(2015,392),(2025,600)})

（21）水资源量=人口总数×人均水资源量

（22）工业废水排放总量=WITH LOOKUP(Time, {[(2005,36402)–(2025,25000)], (2005,36402),(2007,38109),(2008,32955),(2010,31923),(2011,38462),(2012,27834), (2013,50270),(2015,26000),(2025,25000)})

（23）工业固体废弃物排放总量=WITH LOOKUP(Time, {[(2005, 3143)–(2025, 1200)],(2005,3143),(2006,15504),(2007,2127),(2008,5715),(2010,4658),(2015,2000), (2020,1500),(2025,1200)})

（24）海水无机氮含量=WITH LOOKUP(Time, {[(2005, 0.28)–(2025, 0.14)], (2005, 0.28), (2007,0.46), (2010,0.31),(2015,0.22),(2020,0.18),(2025,0.14)})

（25）海水石油类含量=WITH LOOKUP(Time, {[(2005,0.066)–(2025,0.11)], (2005,0.066),(2006,0.058),(2007,0.13),(2008,0.3),(2010,0.2),(2015,0.15),(2020,0.13), (2025,0.11)})

（26）海洋灾害损失=WITH LOOKUP(Time, {[(2005,0.7)–(2025,0)],(2005,0.7), (2006, 0.03),(2007,18.6),(2008,0.24),(2010,0),(2015,0),(2020,0),(2025,0)})

（27）海水活性磷酸盐含量=WITH LOOKUP(Time, {[(2005,0.027)–(2025, 0.01)],(2005,0.027),(2006,0.032),(2007,0.043),(2008,0.027),(2010,0.015),(2015,0.01), (2020,0.012),(2025,0.01)})

（28）人均海域面积=海域面积/人口总数

（29）海域面积=3.6687e+010

（30）滩涂面积=1.696e+009

（31）人均滩涂面积=滩涂面积/人口总数

（32）第二产业比重=WITH LOOKUP(Time, {[(2005, 0.55)–(2025, 0.6)], (2005, 0.55), (2007, 0.511), (2009,0.431),(2010,0.434),(2015,0.4),(2020,0.38),(2025,0.35)})

（33）第三产业比重=WITH LOOKUP(Time, {[(2005, 0.35)–(2025, 0.65)], (2005, 0.35),(2006,0.366),(2007,0.377),(2009,0.424),(2010,0.445),(2015,0.53),(2020,0.6), (2025,0.65)})

（34）第一产业比重＝1-第二产业比重-第三产业比重

（35）海洋产业总产值占GDP比重＝WITH LOOKUP(Time，{[(0,0)-(28000,0.4)]，(2005,0.26),(2007,0.308937),(2009,0.299622),(2010,0.314034),[2015,0.35, (2020, 0.4)]})

（36）海洋产业总产值＝GDP总量×海洋产业总产值占GDP比重

（37）游客平均逗留天数＝8

（38）旅游空间总量＝(海域面积/1000+滩涂面积/1000)×游客平均逗留天数

（39）旅游建设投资＝540.07×LN(人均GDP)-3890.4

（40）旅游空间容量限制系数＝0.0024×[2.718^(0.0026×旅游建设投资)]-STEP(0.07,2012)

（41）旅游人数＝旅游空间总量×旅游空间容量限制系数

（42）直接收入＝旅游人数×人均消费

（43）人均消费＝180

（44）间接收入＝直接收入×2.5

（45）旅游总收入＝直接收入+间接收入

（46）天然气产量年增长率＝0.036

（47）天然气年增长量＝海洋天然气年产量×天然气产量年增长率

（48）海洋天然气年产量＝INTEG(天然气年增长量-天然气年减产量,8201.87)

（49）综合递减系数2＝0.03×(1+0.07)^(Time-2005)

（50）天然气年减产量＝海洋天然气年产量×综合递减系数2

（51）综合递减系数1＝WITH LOOKUP(Time, {[(2005,0.18)-(2025,0.2)]，(2005,0.18),(2006,0.11),(2008,0.43),(2009,0.35),(2011,0.1),(2012,0.4),(2013,0.01),(2014, 0.35), (2015,0.25) ,(2020,0.25),(2025,0.2)})

（52）原油年减产量＝海洋原油年产量×综合递减系数1

（53）原油产量年增长率＝0.2084

（54）原油年增长量＝海洋原油年产量×原油产量年增长率

（55）海洋原油年产量＝INTEG(原油年增长量-原油年减产量,18.99)

（56）港口货物吞吐量＝WITH LOOKUP(Time，{[(2005,29131)-(2025,190000)]，(2005,29131),(2006,35658),(2007,41492),(2009,55259),(2015,110000),(2020,150000),(2025,190000)})

6.4　系统动力学模型的检验

预测模型很难实现精准的预测，只能在已有资料情况下，结合相关文献，挖掘指标的变化趋势，再通过对规律参数的率定，检验未来预测的变化，只要趋势是正确的，那么就认为模型设计是成功的。系统动力学模型的检验包括两个方面：一方面是注意单位一致性检验，即在模型构建过程中，务必保持单位的一致性；另一方面是要进行模拟值有效性和合理性检验，即要对模型的模拟值与同期的实际值进行比较验证，两者的相对误差要基本控制在 10%以内，才认为模型是合理的。

6.4.1　人类社会经济发展模块检验结果

1. 人口

2005~2015 年辽宁省海岸带人口总数的模拟值和实际值的比较结果见表6.1，两者之间的相对误差控制在 10%以内，说明模型的模拟精度非常高，辽宁省海岸带城市人口稳定上升。

表 6.1　人口总数模拟值和实际值对比

	2005 年	2006 年	2007 年	2008 年	2009 年	2010 年
模拟值/万人	1746	1754	1763	1772	1781	1790
实际值/万人	1746.1	1757.7	1769.9	1779.7	1784.9	1790
相对误差	0.00005	0.002	0.004	0.004	0.002	0

	2011 年	2012 年	2013 年	2014 年	2015 年	
模拟值/万人	1791	1793	1795	1797	1799	
实际值/万人	1785.9	1782.6	1778.35	1782.3	1776.62	
相对误差	0.003	0.006	0.009	0.008	0.013	

2. 社会经济

2005~2015 年辽宁省海岸带 GDP 总量和海洋产业总产值的模拟值和实际值

（表6.2，表6.3）的相对误差除2008年和2011年外，基本控制在10%以内，精度较高，不论是辽宁省海岸带 GDP 总量还是海洋产业总产值都呈现稳步增长的趋势，这与当前辽宁省海岸带经济的发展相吻合。

表6.2　GDP 总量模拟值和实际值对比

	2005 年	2006 年	2007 年	2008 年	2009 年	2010 年
模拟值/亿元	3988	4705	5599	5599	7839	8885
实际值/亿元	3980.8	4729.6	5696.3	6949	7613.6	8341.8
相对误差	0.002	0.005	0.017	0.194	0.030	0.065

	2011 年	2012 年	2013 年	2014 年	2015 年	
模拟值/亿元	9773	11728	13077	13469	13806	
实际值/亿元	11150.86	12606.38	13742.3	13613.8	13534.43	
相对误差	0.124	0.070	0.048	0.011	0.020	

表6.3　海洋产业总产值模拟值和实际值对比

	2005 年	2006 年	2007 年	2008 年	2009 年	2010 年
模拟值/亿元	1036	1338	1730	2044	2348	2790
实际值/亿元	1039.1	1478.9	1759.8	2074.4	2281.2	2619.6
相对误差	0.003	0.095	0.017	0.015	0.029	0.065

	2011 年	2012 年	2013 年	2014 年	2015 年	
模拟值/亿元	2932	3401	3661	3636	3589	
实际值/亿元	3345.5	3345.5	3741.9	3917	3529.2	
相对误差	0.124	0.017	0.022	0.072	0.017	

6.4.2　海洋资源供给能力模块检验结果

2005～2015 年辽宁省海岸带旅游人数和海洋原油产量的模拟值和实际值对比分别见表6.4 和表6.5，除2008年和2011年海洋原油产量外，其余指标的相对误差均控制在10%以下。旅游人数变化规律较为明显，一直处于持续增长的趋势，而海洋原油产量个别年份出现稍大的偏差。

表6.4 旅游人数模拟值与实际值对比

	2005 年	2006 年	2007 年	2008 年	2009 年	2010 年
模拟值/万人次	3933	4927	6246	8012	9879	11695
实际值/万人次	4061	4901	6150	7735	9800	11655
相对误差	0.032	0.0053	0.016	0.036	0.008	0.003
	2011 年	2012 年	2013 年	2014 年	2015 年	
模拟值/万人次	13351	15072	17888	18708	19414	
实际值/万人次	13586	15225	16898	19223	18366.5	
相对误差	0.017	0.010	0.059	0.027	0.057	

表6.5 海洋原油产量模拟值与实际值对比

	2005 年	2006 年	2007 年	2008 年	2009 年	2010 年
模拟值/万 t	18.99	19.52	21.05	20.15	15.94	13.41
实际值/万 t	18.99	19.03	23.17	22.8	15	13.01
相对误差	0	0.026	0.091	0.116	0.063	0.031
	2011 年	2012 年	2013 年	2014 年	2015 年	
模拟值/万 t	12.84	14.24	11.64	18.03	15.48	
实际值/万 t	10.75	14.25	11.29	18.8	15.53	
相对误差	0.194	0.0007	0.031	0.041	0.003	

6.4.3 海洋生态与环境纳污能力模块检验结果

2005~2015 年辽宁省海岸带人均水资源量模拟值与实际值对比见表 6.6，除 2008 年和 2014 年外，其余指标的相对误差均控制在 10%以下。水资源总量与年份的降雨丰枯有直接关系，随着辽宁省水利设施的逐步完善和调水工程的建设，辽宁省海岸带水资源量总趋势是增长的。

表 6.6　人均水资源量模拟值与实际值对比

	2005 年	2006 年	2007 年	2008 年	2009 年	2010 年
模拟值/ m³	620	615	610	503	396	1392
实际值/ m³	620	615.5	610.8	617.7	396	1392.1
相对误差	0	0.0008	0.0013	0.1857	0	0.0001
	2011 年	2012 年	2013 年	2014 年	2015 年	
模拟值/ m³	703	534	1055	367	392	
实际值/ m³	673.2	547.3	1055.2	332.4	408.1	
相对误差	0.044	0.024	0.0002	0.104	0.039	

　　2005~2015 年辽宁省海岸带工业废水排放总量和海水无机氮含量的模拟值与实际值对比分别见表 6.7 和表 6.8,工业废水排放总量的相对误差控制较好,完全控制在 10%以下,海水无机氮含量相对误差在 2006 年、2012 年和 2013 年较大。辽宁省海岸带生态环境污染指标整体呈现先增长后下降的趋势,2005~2007 年辽宁省海洋环境问题比较严重,2008 年以后生态环境污染得到一定程度控制,海岸带生态环境开始好转。

表 6.7　工业废水排放总量模拟值与实际值对比

	2005 年	2006 年	2007 年	2008 年	2009 年	2010 年
模拟值/万 t	36402	37255	38109	32955	28575	31923
实际值/万 t	36402	37393	38109	30378	28479	30913
相对误差	0	0.003	0	0.085	0.003	0.032
	2011 年	2012 年	2013 年	2014 年	2015 年	
模拟值/万 t	38462	27834	50270	38135	26000	
实际值/万 t	37032.09	28246.86	51709	40150	26597.8	
相对误差	0.039	0.015	0.028	0.050	0.022	

表 6.8　海水无机氮含量模拟值与实际值对比

	2005 年	2006 年	2007 年	2008 年	2009 年	2010 年
模拟值/(mg/L)	0.28	0.37	0.46	0.41	0.36	0.31
实际值/(mg/L)	0.28	0.45	0.49	0.42	0.35	0.3
相对误差	0	0.178	0.061	0.024	0.029	0.033

	2011 年	2012 年	2013 年	2014 年	2015 年	
模拟值/(mg/L)	0.292	0.274	0.256	0.238	0.22	
实际值/(mg/L)	0.31	0.33	0.35	0.241	0.229	
相对误差	0.058	0.170	0.269	0.012	0.039	

6.5　系统动力学模型的预测结果分析

6.5.1　人类社会经济发展模块

辽宁省海岸带人口总体呈微弱上升的趋势（图 6.5）。2005 年、2010 年、2015 年、2020 年人口总数分别为 1746 万人、1790 万人、1799 万人、1808 万人。2010 年、2015 年和 2020 年人口总数分别比 2005 年增长了 2.51%、3.03% 和 3.55%。随着辽宁省海岸带城市化进程的加快，城镇化率逐年上升，2010 年、2015 年和 2020 年辽宁省海岸带城镇化率分别为 0.61、0.7 和 0.8，城镇人口逐年增加，农村人口逐年减少，给辽宁省海岸带资源环境带来的压力逐年增大。

从图 6.6 可以看出，2005～2025 年辽宁省海岸带经济快速增长，2005 年、2010 年、2015 年、2020 年辽宁省海岸带 GDP 总量分别为 3988 亿元、8885 亿元、13806 亿元、16472 亿元，海洋产业总产值相比 GDP 总量增速较为缓慢。人均 GDP 与 GDP 总量的增长趋势一致，辽宁省海岸带 GDP 总量在 2010～2021 年期间增速稍微放缓，而后又快速增长，2015 年辽宁省海岸带 GDP 总量模拟值为 13806 亿元，比 2010 年 GDP 总量增长 55.4%，接近"十二五"规划目标。

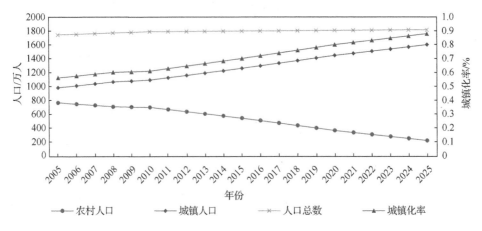

图 6.5 辽宁省海岸带人口预测（见书后彩图）

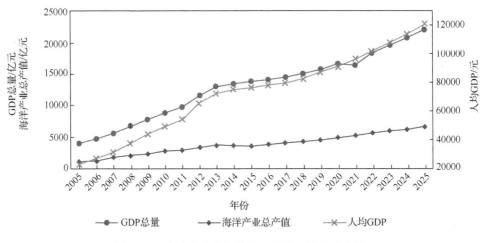

图 6.6 辽宁省海岸带经济状况预测（见书后彩图）

6.5.2 海洋资源供给能力模块

近年来随着油气资源的快速开发，辽宁省海岸带海洋原油产量逐年增加，而在 2008 年开始原油产量出现下滑，石油供给能力逐渐减弱（图 6.7）。随着辽宁省海岸带国际贸易的逐步发展，辽宁省海岸带港口货物吞吐量迅速增长，旅游人数逐渐上升，旅游产业逐渐成为辽宁省海洋产业的支柱性产业。

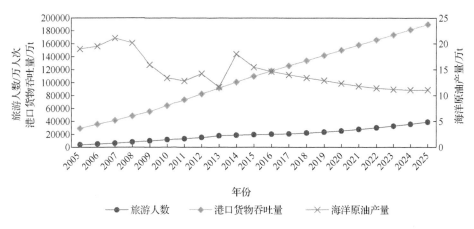

图 6.7   辽宁省海岸带海洋资源供给能力预测（见书后彩图）

6.5.3   海洋生态与环境纳污能力模块

辽宁省海岸带海洋污染物主要是氨氮、活性磷酸盐及石油类，其中石油类影响最大。人口和经济的增长带动了工农业、生活废水量的增加，导致废水中的化学需氧量、氨氮等指标含量随之同趋势增加。辽宁省海岸带活性磷酸盐含量持续保持稳定（图 6.8），只是在 2007 年含量略有提高。无机氮含量和石油类含量 2007 年以前持续升高，但随着辽宁省海洋环境治理措施的逐步起效，2008 年以后无机氮含量和石油类含量逐年减少，并越来越接近较小值。

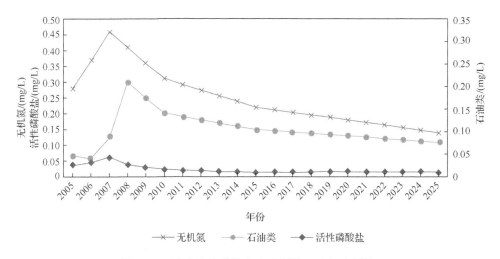

图 6.8   辽宁省海岸带海水水质预测（见书后彩图）

6.6　承载状况预测结果分析

6.6.1　现状发展模式（方案一）

现状发展模式是根据当前辽宁省海岸带城市发展趋势稳定向前推进，部分实现规划中的社会和环境目标提出的，各年份大部分指标的预测值是根据过去几年的统计值运行辽宁省海岸带海洋资源、生态和环境承载力系统动力学模型获得的。根据本书提出的基于可变模糊识别模型的海洋资源、生态和环境承载力计算方法，对 2016～2025 年预测指标构成的样本进行承载力计算，计算结果如表 6.9、图 6.9、表 6.10 及图 6.10 所示。

表 6.9　2016～2025 年辽宁省海岸带海洋资源、生态和环境承载状况级别特征值

	2016 年	2017 年	2018 年	2019 年	2020 年	2021 年	2022 年	2023 年	2024 年	2025 年	理想承载力
主成分分析法权重	3.66	3.68	3.67	3.66	3.65	3.64	3.63	3.62	3.61	3.60	4.54
二元模糊标度法权重	3.33	3.35	3.34	3.32	3.31	3.29	3.27	3.26	3.24	3.23	4.41
综合权重	3.76	3.78	3.77	3.77	3.76	3.75	3.74	3.73	3.72	3.71	4.52

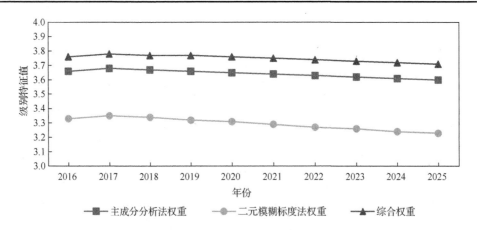

图 6.9　2016～2025 年辽宁省海岸带海洋资源、生态和环境承载状况级别特征值（见书后彩图）

表 6.10　2016～2025 年辽宁省海岸带海洋资源、生态和环境承载力

	2016 年	2017 年	2018 年	2019 年	2020 年	2021 年	2022 年	2023 年	2024 年	2025 年	理想承载力
主成分分析法权重	0.81	0.81	0.81	0.81	0.80	0.80	0.80	0.80	0.80	0.79	1
二元模糊标度法权重	0.76	0.76	0.76	0.75	0.75	0.75	0.74	0.74	0.73	0.73	1
综合权重	0.83	0.84	0.83	0.83	0.83	0.83	0.83	0.83	0.82	0.82	1

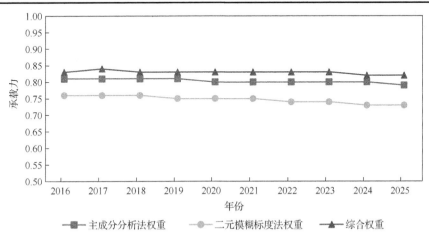

图 6.10　2016～2025 年辽宁省海岸带海洋资源、生态和环境承载力（见书后彩图）

　　"十三五"期间，辽宁省海洋与渔业厅出台的《辽宁省海洋与渔业发展"十三五"规划》提出，以建设海洋强省和现代渔业为总目标，坚持生态优先、陆海统筹、区域联动、协调发展的方针，以海洋生态环境保护、资源集约利用和调结构转方式为主线，强化海洋综合管理、强化渔业转型升级，推动海洋环境质量逐步改善，海洋资源高效利用，开发保护空间合理布局。在《辽宁省海洋与渔业发展"十三五"规划》设定的海洋发展目标中，到 2020 年，海水养殖面积稳定在 81 万 hm² 以上；海域海岛资源利用更加高效合理，大陆自然岸线保有率不低于 35%；海洋生态环境质量显著好转，近岸海域Ⅰ类、Ⅱ类海水水质面积占省管辖海域面积的 70% 左右，近岸海域环境功能区达标率在 95% 以上，海洋保护区面积占省管辖海域面积的 10% 以上，海洋生物多样性得到有效保护，受损海岸线、海湾、湿地等得到修复。以上一系列目标的设定和实现必然会使辽宁省海岸带海洋资源、生态和环境承载力在"十三五"期间得到增长。

　　系统动力学模型延续了"十二五"期间各指标的增长模式，对 2016～2025 年辽宁省海岸带海洋资源、生态和环境承载力各指标进行预测，得到 2016～2025

年辽宁省海岸带海洋资源、生态和环境承载力。由图 6.10 可以看出，2016～2025年辽宁省海岸带海洋资源、生态和环境承载力整体呈相对稳定状态，但承载状况依然为超载状态。辽宁省海岸带海洋资源、生态和环境承载力的主导压力仍然来自人类社会经济发展，其中人口持续增长的压力、海洋资源供给能力的下降、海洋经济对高污染产业的过度依赖，使得"十三五"期间辽宁省海岸带海洋资源、生态和环境承载力与 2014 年、2015 年相比有所下降。

6.6.2　改进发展模式（方案二）

通过以上分析可以看出，辽宁省海岸带海洋资源、生态和环境承载状况整体不佳，在"十三五"阶段依然为超载状态，因此提出改进发展模式，即在现状发展模式的基础上加以调整，改变系统动力学模型的调控参数，对系统进行政策调控，以期达到改善辽宁省海岸带海洋资源、生态和环境承载力状况的目的，为政策制定提供参考。为实现《渤海环境保护总体规划（2008—2020 年）》的目标，辽宁省海洋与渔业厅制定了渤海环境保护工作计划：到 2015 年，辽宁省海洋生态系统得到有效恢复，海域污染总量得到有效控制，主要海洋生态灾害得到有效监控，海洋环境得到全面保护，将辽宁省建设成为全国海洋环境示范省，实现海洋经济与环境保护互相促进、协调发展。为实现这一目标，改进发展模式将"十二五""十三五""十四五"阶段的人口出生率分别调至 7‰、6‰和 5‰，GDP 增长率分别调至 9.5%、10%和 7%；城镇化率分别调至 61%、72%和 82%，废水排放量分别调至 28576 万 t、18000 万 t 和 12000 万 t，石油类含量分别调至 0.2mg/L、0.012mg/L 和 0.008mg/L。两种方案的主要参数如表 6.11 所示。改进发展模式与现状发展模式下承载力预测情况如图 6.11 所示。

表 6.11　两种方案的主要参数

指标	2015 年		2020 年		2025 年	
	方案一	方案二	方案一	方案二	方案一	方案二
人口出生率/‰	7	7	7	6	7	5
GDP 增长率/%	9.5	9.5	11	10	8	7
城镇化率/%	61	61	70	72	80	82
废水排放量/万 t	28576	28576	20129	18000	14179	12000
石油类含量/(mg/L)	0.2	0.2	0.015	0.012	0.01	0.008

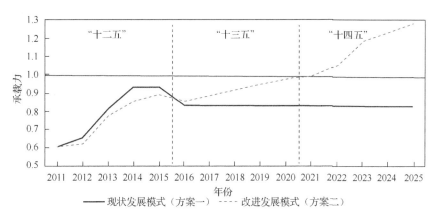

图 6.11　辽宁省海岸带海洋资源、生态和环境承载力预测（见书后彩图）

由图 6.11 可以看出，通过减轻人类社会经济发展压力，加大海洋污染治理投入力度，辽宁省海岸带海洋资源、生态和环境承载力有一定的改善，这个思路与辽宁省海洋与渔业厅制定的渤海环境保护工作计划的目标相符，通过这一系列措施，辽宁省海岸带海洋资源、生态和环境承载力在"十四五"前期将达到可承载状态。

6.7　海洋经济、资源、生态和环境可持续发展建议

根据辽宁省海岸带海洋资源、生态和环境承载状况的预测分析，对辽宁省海岸带海洋经济、资源、生态和环境可持续发展目标的实现提出如下三点建议：

（1）优化传统产业，有效开发新兴产业。

传统产业污染严重，对资源消耗大，虽然会加速海洋经济发展，但污染带来的后果很严重，"十一五"期间海洋经济的发展伴随着海水污染严重、海洋资源供给能力下降。这使得辽宁省海洋生态环境面临较大压力，辽宁省海岸带海洋资源、生态和环境长期处于超承载状态。未来辽宁省海岸带发展过程中应提高海洋生物制药、海水综合利用及海洋发电、潮汐能利用等产业在海洋产业总产值中的比重，优化传统产业结构，节能减排、减少污染，对于一些高能耗、高污染、低产出的产业应逐步升级改造甚至移除。

（2）可持续开发海洋资源，大力发展海洋旅游业和运输业。

旅游业和运输业对提高海洋资源、生态和环境可持续发展能力起着重要的作用。《辽宁省"十三五"规划纲要》中指出："大力发展旅游业，推进旅游资源市场化配置，强化旅游业对经济发展的支撑作用。"这将有利于改善辽宁省海岸带未来的海洋承载能力。海洋石油、天然气开发的速率应该放缓，这样一方面可以为子孙后代留下发展的资源，另一方面也降低了海洋大面积污染的风险。

（3）改善海洋水质和生态环境，加大污染物入海的减排力度。

2005～2007 年，辽宁省海岸带海洋污染严重，海洋捕捞量和养殖量都有明显的下降，导致辽宁省海岸带海洋初级、次级生产力下降，海洋资源供给能力和海洋生态与环境纳污能力减弱，严重影响了辽宁省海岸带海洋资源、生态和环境的健康发展。因此，应严格控制辽宁省海岸带地区相关的点源污染和面源污染，宁可不要个别企业产值的蝇头小利，也不能因小失大，造成海洋环境恶化的严重后果。应提高辽宁省海岸带城市生活污水处理率和工业废水处理率，加强工业废弃物的回收再生利用，有计划地开展生态环境治理，合理调整海洋养殖生产规模，以海产品质量优势代替数量优势，打造优质的海产品品牌，逐步提高辽宁省海产品的核心竞争力，使其由数量密集型转变为技术品牌密集型。

6.8　本　章　小　结

本章使用 Vensim PLE 5.10a 软件作为平台，共选取 55 个变量（包括状态变量、辅助变量和常数量等）构建辽宁省海岸带海洋资源、生态和环境承载力系统动力学模型。所建模型的时间跨度为 21 年（2005～2025 年），以 2005 年为基准年，计算步长为 1 年，以"十二五"规划、"十三五"规划、"十四五"规划为主要预测目标进行模型模拟。本章共设计了两套预测方案，方案一为现状发展模式，方案二为改进发展模式。改进发展模式结合辽宁省海洋与渔业厅制定的渤海环境保护工作计划的目标调整系统动力学模型的调控参数，将"十一五""十二五""十三五"期间的人口出生率分别调至 7‰、6‰和 5‰，GDP 增长率分别调至 9.5%、10%和 7%，城镇化率分别调至 61%、72%和 82%，废水排放量分别调至 28576 万 t、

18000万t和12000万t，石油类含量分别调至0.2mg/L、0.012mg/L和0.008mg/L，经论证，通过减轻人类社会经济发展压力，加大海洋污染治理投入，改进发展模式下辽宁省海岸带海洋资源、生态和环境承载力相比现状发展模式有了一定的改善，进而对辽宁省海岸带海洋经济、资源、生态和环境可持续发展目标的实现提出建议：优化传统产业，有效开发新兴产业；可持续开发海洋资源，大力发展海洋旅游业和运输业；改善海洋水质和生态环境，加大污染物入海的减排力度。

参 考 文 献

阿琼, 2008. 基于SD模型的天津市水资源承载力研究[D]. 天津: 天津大学.

谭映宇, 2010. 海洋资源、生态和环境承载力研究及其在渤海湾的应用[D]. 青岛: 中国海洋大学.

王俭, 李雪亮, 李法云, 等, 2009. 基于系统动力学的辽宁省水环境承载力模拟与预测[J]. 应用生态学报, 20(9): 2233-2240.

王建华, 江东, 顾定法, 等, 1999. 基于SD模型的干旱区城市水资源承载力预测研究[J]. 地理学与国土研究, 15(2): 54-59.

第 7 章 总 结

自中共中央、国务院于 2003 年作出实施东北地区等老工业基地振兴战略的重大决策以来，东北地区经济实现了快速发展。2009 年，国务院又通过了《关于进一步实施东北地区等老工业基地振兴战略的若干意见》，为东北的振兴提出了明确方向。作为东北地区唯一出海口的辽宁沿海地带，在东北振兴战略格局中具有重要的区位优势和独特的发展空间，其海洋经济发展处于前所未有的机遇期。同时，作为工业大省，辽宁海陆互动、经济发展相辅相成的局面已经形成，为全面提升海洋经济创造了良好的机遇和发展空间。然而，随着近年来辽宁省海洋经济与社会的快速发展，海岸带的开发活动也引起了一系列严重的海洋环境问题，包括生境损失、渔业资源退化、水质恶化、污染物含量超标、航道淤积、生物资源生产力下降等。因此，为了引导海岸带合理开发，加强资源环境保护，维持辽宁省海洋经济的持续健康发展，本书在对辽宁省近岸海域开发利用现状及相关环境影响问题综合分析的基础上，对辽宁省海岸带开发过程中涉及的几个典型问题进行了研究。本书内容总结如下：

（1）在简要介绍辽宁省海岸带的地理区位、自然环境、社会经济、资源特征概况的基础上，就辽宁省典型海岸带开发活动——渔业用海、围填海开发用海、港口航运用海对海洋环境的影响进行了分析，总结了辽宁省海岸带海域目前存在的主要环境问题。

（2）为了科学地对海水水质进行评价，本书提出基于可变模糊集理论的海水水质评价模型，该方法通过变化模型及其参数，能够合理地确定样本指标对各级指标标准区间的相对隶属度和相对隶属函数，有效地解决了环境评价中边界模糊及监测误差对评价结果的影响问题。本书以锦州湾海水水质为研究对象，应用提出的基于可变模糊集理论的海水水质评价模型对该区域海水水质状况进行评价，合理确定了海水水质评价样本的水质等级，提高了样本等级评价的可信度，为海域环境质量综合评价提供了一种合理而适用的方法。

（3）本书采用 ArcEngine 集成开发技术，在 Visual C# 2010 开发环境下，将可变模糊数学模型与 GIS 空间分析手段集成，建立了基于 ArcEngine 的海水水质可变模糊评价系统，通过 ArcSDE 数据引擎和专用开发数据接口访问 SQL Server 中的海水水质评价空间数据库，实现了海水水质空间分布状况的实时动态显示，并将该系统应用到锦州湾海水水质综合评价中，实现了锦州湾海水水质综合评价结果的直观、可视化显示，为控制环境污染、进行环境规划提供了科学依据。

（4）本书把水环境容量计算中的水质和水量要素看作雨量、地形要素，对其进行插值模拟，代替传统的水环境容量的机理模型计算过程，建立了基于 GIS 的海洋水环境容量计算方法，快速估算了锦州湾海域主要污染因子的海洋水环境容量。该方法适于在海洋环境监测、排污控制等环境管理信息系统中进行快速辅助决策。

（5）本书基于 MIKE 模型建立了锦州湾水动力-对流扩散模型，根据利用"干湿"边界条件模拟潮起潮落时海滩污染物浓度的变化，选用低潮时污染物混合影响范围最大情景作为海洋水环境容量计算工况，同时利用渤海湾的环境背景值作为锦州湾的污染物本底浓度，考虑污染物的本底浓度对海洋水环境容量的影响，模拟了化学需氧量、无机氮、活性磷酸盐、Zn、Cu、Pb、Cd 和 Hg 的浓度响应系数场，再利用分担率法耦合最优化线性规划法，计算得到锦州湾各排污口最大允许排放量和海洋水环境容量。锦州湾化学需氧量的海洋水环境容量约为 5757.63t/a，无机氮的海洋水环境容量约为 555.51t/a，活性磷酸盐的海洋水环境容量约为 57.05t/a，Zn 的海洋水环境容量约为 733.69t/a，Cu 的海洋水环境容量约 71.62t/a，Pb 的海洋水环境容量约为 73.38t/a，Cd 的海洋水环境容量约为 14.92t/a，Hg 的海洋水环境容量约为 0.70t/a。

（6）目前，国内外关于海洋资源、生态和环境承载力的研究并不多，尚无统一和成熟的方法，关于承载力的标准界定也比较模糊。本书建立了海洋资源、生态和环境承载力评价指标体系，并在状态空间评价模型理想值的基础上，结合可变模糊识别模型，建立了基于可变模糊识别模型的辽宁省海洋资源、生态和环境承载力计算方法，确定了包含理想承载力的样本对优、良、中、可、劣五级标准的隶属度，通过隶属度的对比得出各年份承载力对理想承载力的相对值，从而判断其可承载状态。结果显示辽宁省海岸带海洋资源、生态和环境承载力从 2005 年到 2015 年一直都处于超载状态。

（7）本书使用 Vensim PLE 5.10a 软件作为平台，共选取 55 个变量（包括状态变量、辅助变量和常数量等）构建辽宁省海岸带海洋资源、生态和环境承载力系统动力学模型。所建模型的时间跨度为 21 年（2005～2025 年），以 2005 年为基准年，计算步长为 1 年，以"十二五"规划、"十三五"规划、"十四五"规划为主要预测目标进行模型模拟。本书设计了两套预测方案，方案一为现状发展模式，方案二为改进发展模式。改进发展模式结合辽宁省海洋与渔业厅制定的渤海环境保护工作计划的目标，调整了系统动力学模型的调控参数。经论证，通过减轻人类社会经济发展压力，加大海洋污染治理投入，改进发展模式下辽宁省海岸带海洋资源、生态和环境承载力相比现状发展模式有了一定的改善，进而对辽宁省海洋带海洋经济、资源、生态和环境可持续发展目标的实现提出建议：优化传统产业，有效开发新兴产业；可持续开发海洋资源，大力发展海洋旅游业和运输业；改善海洋水质和生态环境，加大污染物入海的减排力度。

彩　　图

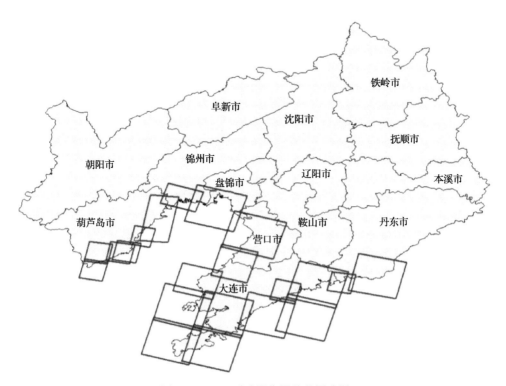

图 2.1　SPOT 遥感影像覆盖范围略图

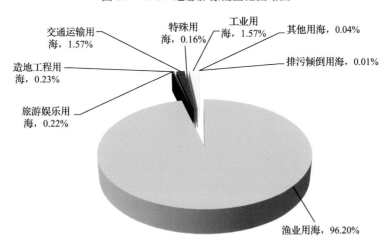

交通运输用海，1.57%

特殊用海，0.16%

工业用海，1.57%

其他用海，0.04%

造地工程用海，0.23%

排污倾倒用海，0.01%

旅游娱乐用海，0.22%

渔业用海，96.20%

图 2.3　辽宁省海域使用结构图

海底工程用海占比小于 0.01%，忽略不计

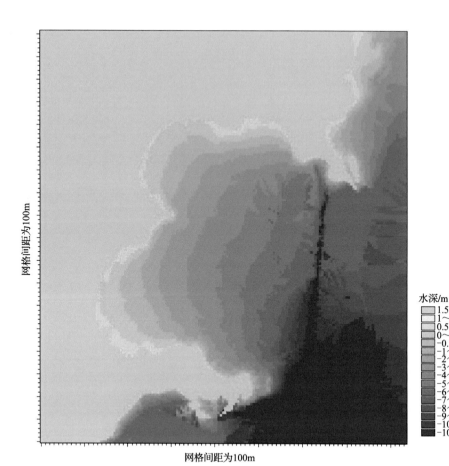

图 4.3　锦州湾地形模型文件

水深以海平面为基准，高于海平面为正，低于海平面为负

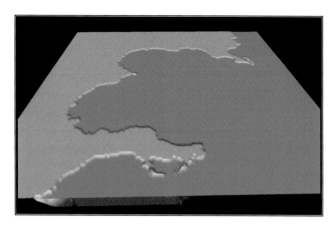

图 4.4　锦州湾整体地形三维图

图 4.5　锦州湾主要排污口位置示意图

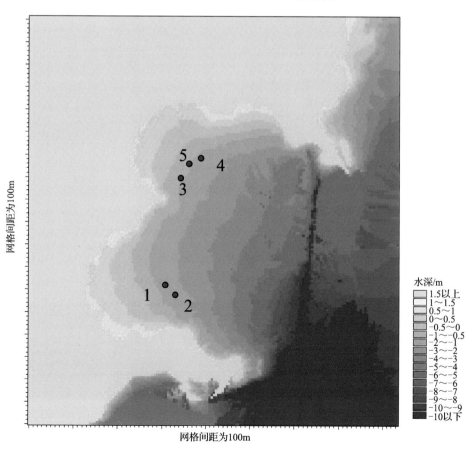

图 4.7　锦州湾水质控制点位置示意图

水深以海平面为基准，高于海平面为正，低于海平面为负

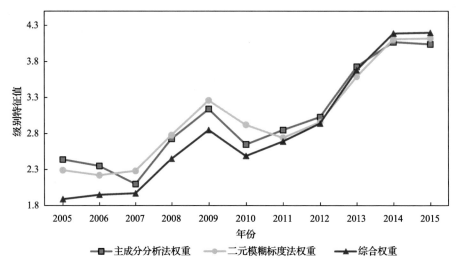

图 5.5　2005～2015 年辽宁省海岸带海洋资源、生态和环境承载状况级别特征值

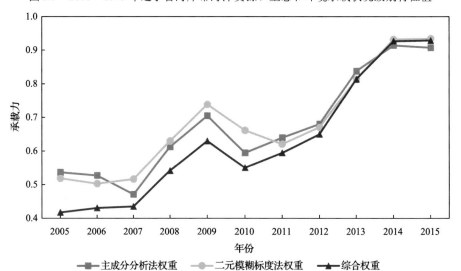

图 5.6　2005～2015 年辽宁省海岸带海洋资源、生态和环境承载力

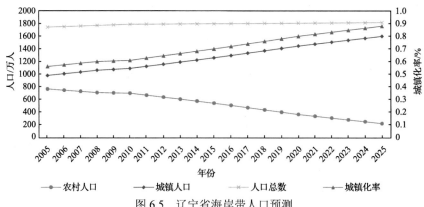

图 6.5　辽宁省海岸带人口预测

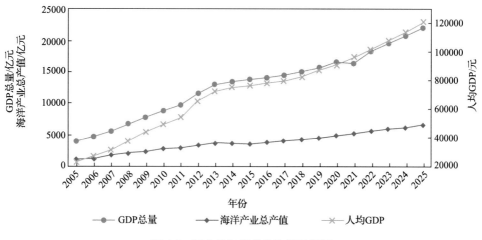

图 6.6　辽宁省海岸带经济状况预测

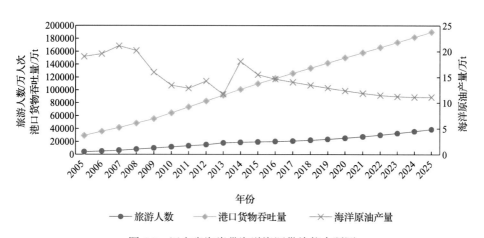

图 6.7　辽宁省海岸带海洋资源供给能力预测

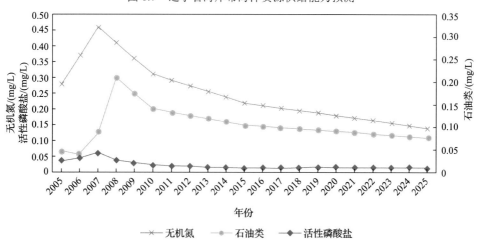

图 6.8　辽宁省海岸带海水水质预测

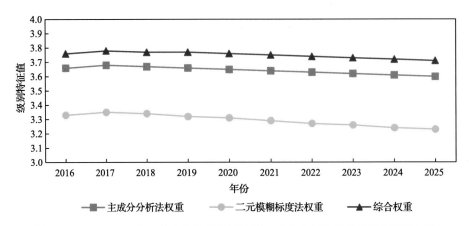

图 6.9　2016～2025 年辽宁省海岸带海洋资源、生态和环境承载状况级别特征值

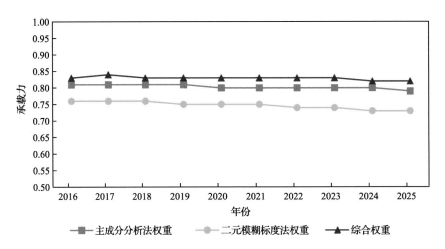

图 6.10　2016～2025 年辽宁省海岸带海洋资源、生态和环境承载力

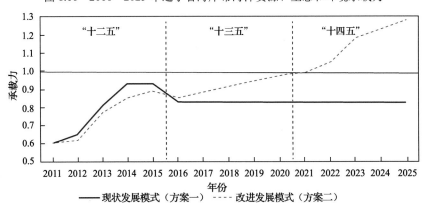

图 6.11　辽宁省海岸带海洋资源、生态和环境承载力预测